有趣的鲸豚

图解神秘的鲸豚世界

WHALES

（第②版）

李墨谦——著

電子工業出版社
Publishing House of Electronics Industry
北京·BEIJING

图书在版编目（CIP）数据

有趣的鲸豚：图解神秘的鲸豚世界 / 李墨谦著. --2版. -- 北京：电子工业出版社, 2020.7
ISBN 978-7-121-39162-0

I. ①有… II. ①李… III. ①鲸－普及读物②海豚－普及读物 IV. ①Q959.841-49

中国版本图书馆CIP数据核字(2020)第106976号

责任编辑：田　蕾
印　　刷：北京富诚彩色印刷有限公司
装　　订：北京富诚彩色印刷有限公司
出版发行：电子工业出版社
　　　　　北京市海淀区万寿路 173 信箱　邮编：100036
开　　本：787×1092　1 / 16　印张：6.25　字数：160 千字
版　　次：2019 年 4 月第 1 版
　　　　　2020 年 7 月第 2 版
印　　次：2020 年 10月第 3 次印刷
定　　价：99.80 元

凡所购买电子工业出版社图书有缺损问题，请向购买书店调换。若书店售缺，请与本社发行部联系，联系及邮购电话：（010）88254888 或 88258888。
质量投诉请发邮件至 zlts@phei.com.cn，盗版侵权举报请发邮件至 dbqq@phei.com.cn。
本书咨询联系方式：（010）88254161~88254167 转 1897。

目录

序 4

写在前面 7

参考画具 19

第 1 章 小露脊鲸科、灰鲸科、须鲸科 20

第 2 章 露脊鲸科、小抹香鲸科、
抹香鲸科、一角鲸科 31

第 3 章 海豚科 45

第 4 章 喙鲸科 75

第 5 章 亚河豚科、白鱀豚科、拉河豚科、
南亚河豚科、鼠海豚科 83

序

不知道为什么，从小时候起我就喜欢动物，尤其是画各种各样的动物。

从小到大，如果有人送我一本自然图鉴，我会非常开心。直到如今，也一直在购买图鉴。或许我就是那种喜欢刨根问底的人，知道 A 和 B，然后就总想去了解 C、D、E……我觉得真正喜欢某件事情的时候，大家都会有类似的感觉吧。对于我来说，自从发现自己可以画图鉴之后，就一发不可收拾了。当画完某一种生物后，就开始想它的同属有哪些“亲戚”？画完某一属又想画某一科，感觉自己给自己定了好多个“有生之年”系列。

我并不是学生物专业的，所以这本书可能不会写得过于专业，但我希望这是一本好玩又有趣的书。因为市场上好玩的科普类图书太少了，一些精美的图书往往也都是国外的译本，而原创图书中的图片大多分辨率较低。当然，这几年此类现象有所改善，精美图鉴类图书也开始越来越多。相信以后会有更多、更好、更有趣的原创科普图书面世，让我们一起努力！

关于这套本人绘制的鲸豚类大图鉴，收录了全世界已知的 93 种鲸与海豚。为什么要画这个系列呢？其实还有一个故事，如果你有兴趣就请听我缓缓道来。

四年前的某一天，我的一个朋友，我们都叫她水老板，准备在北京某胡同开一家甜品店，以冷饮和双皮奶为主。她的店名叫“糖水鲸”，很有趣的一个名字。水老板找我画一张“大鲸鱼”（当然，鲸其实并非鱼类），打算挂在店里。我欣然答应了，于是就完成了这幅作品（见下一页）。

结果画完之后我就上瘾了，于是陆陆续续地把全世界的所有鲸与海豚都画了一遍……再后来我把画完的所有的鲸与海豚集中在一起，拼了一张大比例图（见正文）发到网上，结果受到不少网友的点赞和喜爱。并且，通过这些画让我结识了不少科普圈的高手，这些人都很友好，有的给我鼓励打气，有的帮我修订指正，使我的动物图鉴既精美又兼顾科学性。在此特别感谢一位名叫徐海同的朋友，虽然我们至今也没见过面（徐老师人在国外），但一直以来他对我的帮助最大，帮我找资料，提出不同的修改意见等，如此无私地帮助我，真的非常感谢！这套图鉴科学性地完善，可以说离不开他的帮助。

除此之外，我还要感谢这本书的策划编辑田老师，正是他的慧眼，使得这套鲸豚大图鉴得以顺利出版，也算圆了我一个梦！

最后，感谢我的家人、朋友，感谢正在阅读这本书的你。

读者服务

扫描右侧二维码，关注“悦知书房”，即可免费获得鲸豚电子书一本。

电子书内容说明

电子书总共 147 页，分享几十余种鲸豚的画法，读者可以边看边练习，尝试自己画。

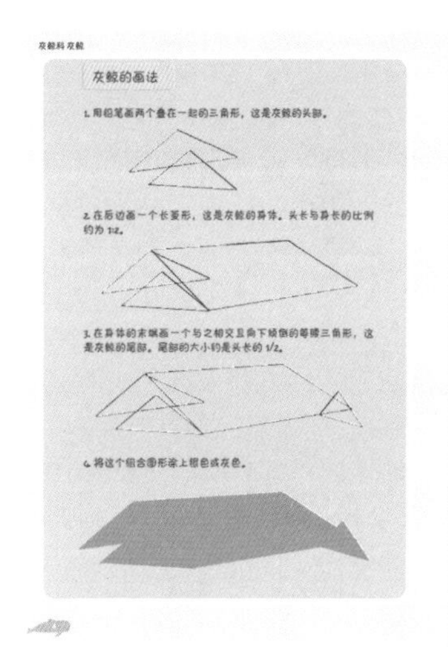
灰鲸科 灰鲸

灰鲸的画法

1. 用铅笔画两个叠在一起的三角形，这是灰鲸的头部。

2. 在后边画一个长菱形，这是灰鲸的身体。头长与身长的比例约为 1:2。

3. 在身体的末端画一个与之相交且向下倾倒的等腰三角形，这是灰鲸的尾部。尾部的大小约是头长的 1/2。

4. 将这个组合图形涂上棕色或灰色。

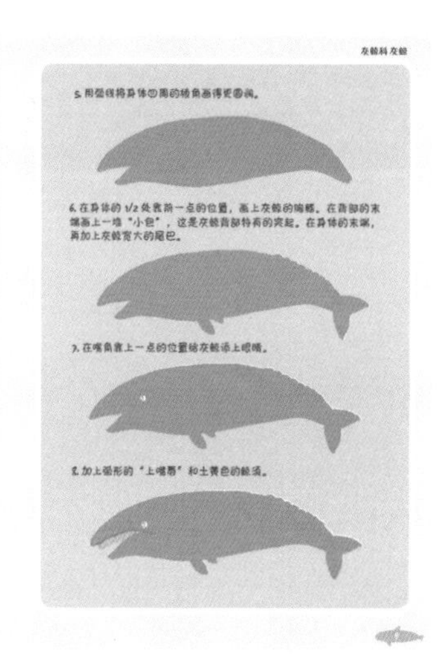
灰鲸科 灰鲸

5. 用弧线将身体四周的棱角画得更圆润。

6. 在身体的 1/2 处靠前一点的位置，画上灰鲸的胸鳍。在背部的末端画上一堆“小包”，这是灰鲸背部特有的突起。在身体的末端，再加上灰鲸宽大的尾巴。

7. 在嘴角靠上一点的位置给灰鲸添上眼睛。

8. 加上弧形的“上嘴唇”和土黄色的鲸须。

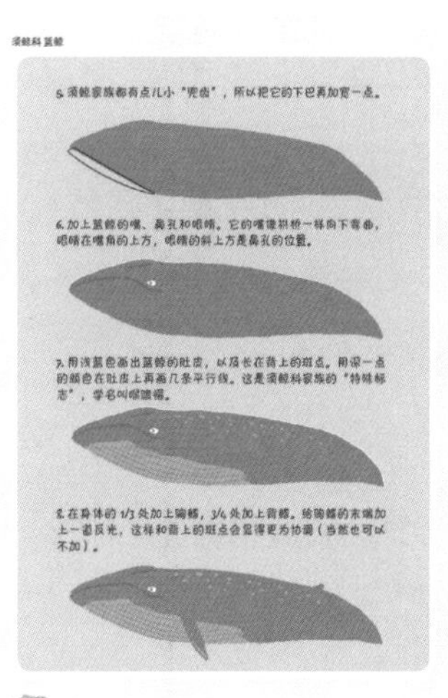
须鲸科 蓝鲸

5. 须鲸家族都有点儿小“兜齿”，所以把它的下巴再加宽一点。

6. 加上蓝鲸的嘴、鼻孔和眼睛。它的嘴像拱桥一样向下弯曲，眼睛在嘴角的上方，眼睛的斜上方是鼻孔的位置。

7. 用浅蓝色画出蓝鲸的肚皮，以及长在背上的斑点。用深一点的颜色在肚皮上再画几条平行线。这是须鲸科家族的“特殊标志”，学名叫喉腹褶。

8. 在身体的 1/3 处加上胸鳍，3/4 处加上背鳍。给胸鳍的末端加上一道反光，这样和背上的斑点会显得更为协调（当然也可以不加）。

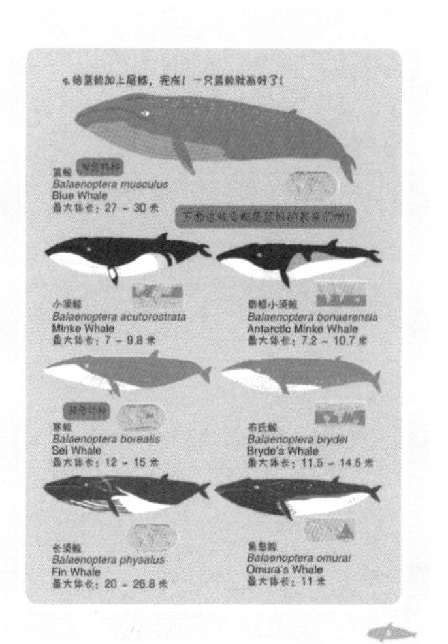
9. 给蓝鲸加上尾鳍，完成！一只蓝鲸就画好了！

蓝鲸
Balaenoptera musculus
Blue Whale
最大体长：27 ~ 30 米

小须鲸
Balaenoptera acutorostrata
Minke Whale
最大体长：7 ~ 9.8 米

南极小须鲸
Balaenoptera bonaerensis
Antarctic Minke Whale
最大体长：7.2 ~ 10.7 米

塞鲸
Balaenoptera borealis
Sei Whale
最大体长：12 ~ 15 米

布氏鲸
Balaenoptera brydei
Bryde's Whale
最大体长：11.5 ~ 14.5 米

长须鲸
Balaenoptera physalus
Fin Whale
最大体长：20 ~ 26.8 米

角岛鲸
Balaenoptera omurai
Omura's Whale
最大体长：11 米

写在前面

嗨！大家好！我是谦哥！
喵！我是小瓜！

感谢你对本书的支持！撒花！！
撒粮！

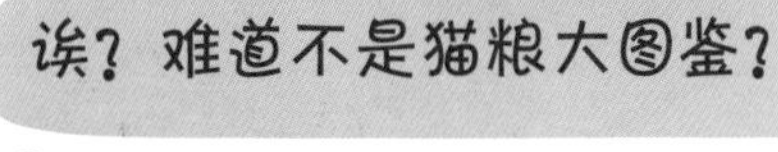
对了，小瓜！你知道今天咱们主要聊什么吗？
诶？难道不是猫粮大图鉴？

……
？

拜托你再好好看看书复习一下！
好啊！
图解
神秘的
鲸豚世界
哦哦哦！
原来如此！
原来如此！
原来如此！
看明白啦？
看明白啦！
看明白啦？
好多鱼！

鲸和海豚!!!
鲸、和海豚
鲸和海豚!
吵死了!!
不就是大鲸鱼嘛!
鲸鱼!鲸鱼!
难道不是鱼吗?
我说错了吗?
当然不是!
“鲸鱼”只是俗称!学名应当称作鲸!它们和鱼可没有关系!!
你骗人!
欺负我不识字!

骗你干嘛?不信你看!它们可都是哺乳动物哟!小蓝鲸正在吮吸妈妈的乳汁。

蓝鲸

真的诶!
竟然和我们一样!

鱼

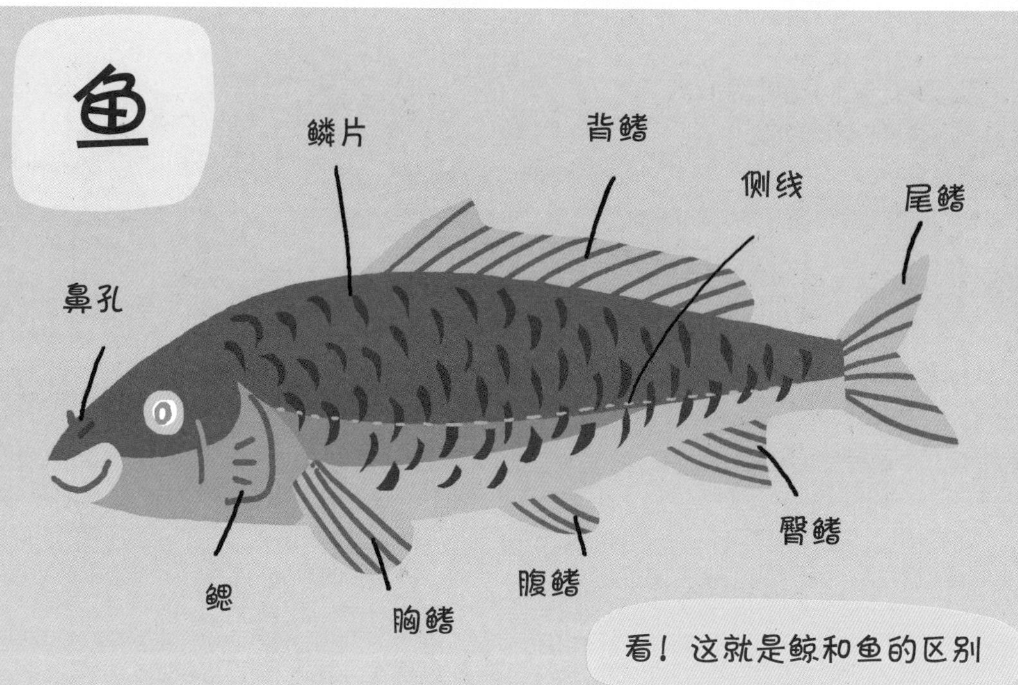

1. 卵生或卵胎生。
2. 大部分出生后便自食其力。
3. 用鳃呼吸。

鲸

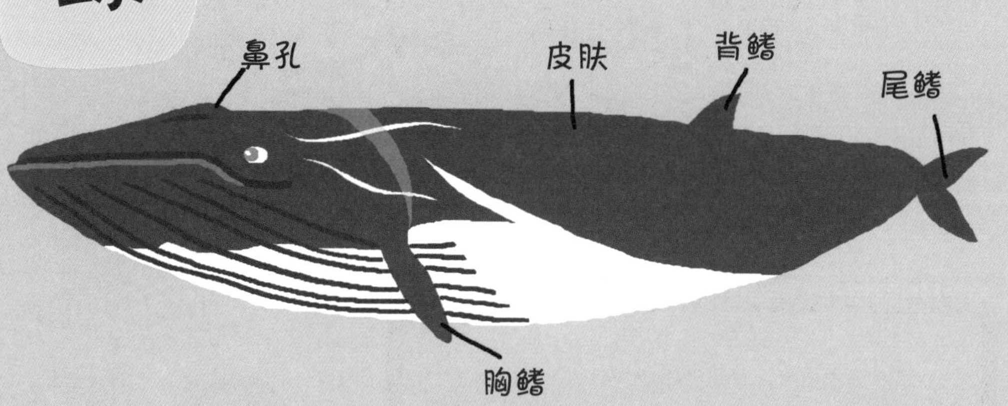

1. 胎生。
2. 出生后靠吃妈妈的乳汁长大。
3. 用肺呼吸，需要经常浮出水面换气。

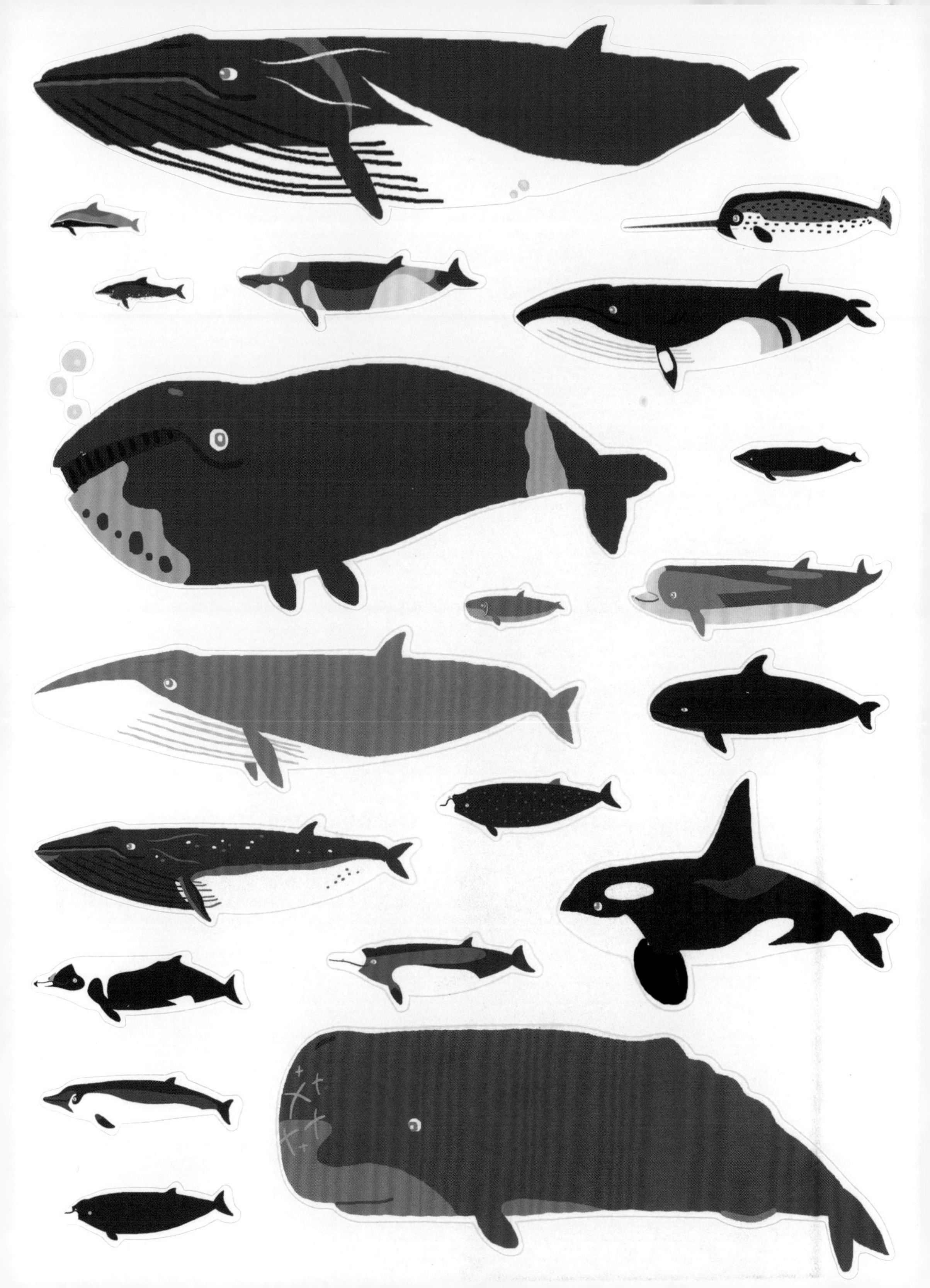

巴基斯坦古鲸 Pakicetus
距今 5000 万年前
体长：约 1~2 米

游走鲸 Ambulocetus
距今 4860 万 —4040 万年前
体长：约 3.7 米

罗德候鲸 Rodhocetus
距今 4860 万 —4040 万年前
体长：约 3 米

龙王鲸 Basilosaurus
距今 4000 万 —3400 万年前
体长：约 15 ~18 米

最初鲸类的祖先也是有四条腿并生活在陆地上的，但不知道为何后来就潜入海中生活了。有科学家认为可能是海洋中的食物更为丰富，慢慢地它们在海洋中进化得越来越庞大，四肢也慢慢退化成鳍。

鲸的祖先好像“汪星人”啊！

喵！原来是这样！那么鲸和海豚又是什么关系呢？

须鲸亚目

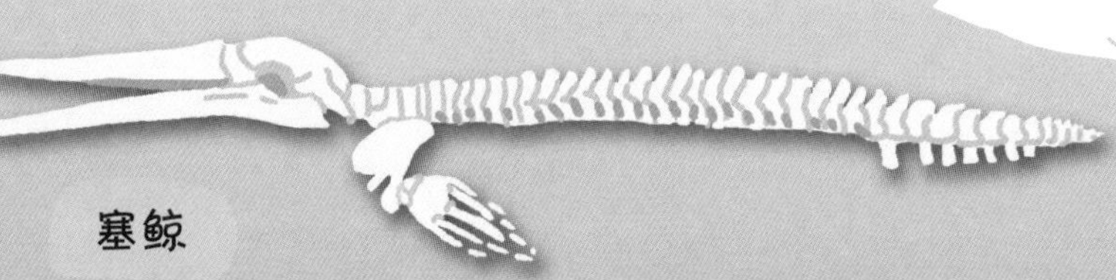

塞鲸

露脊鲸

齿鲸亚目

抹香鲸

宽吻海豚

这个问题问得好！海豚其实也算鲸类家族的一分子，鲸类一共分为两大目：须鲸亚目和齿鲸亚目。须鲸家族没有牙齿，嘴里因长有板须而得名，比如蓝鲸、灰鲸、露脊鲸等都是须鲸亚目的成员。而齿鲸亚目就是有牙齿的成员啦，比如抹香鲸、虎鲸、宽吻海豚等。顺便提一下，虎鲸也是一种海豚哟！

目前全世界已知被发现的鲸豚类已经超过了90种！本书一共收录了全球93种鲸与海豚的卡通图鉴，并将重点介绍其中40种的简要画法和科普小知识。希望你能够喜欢！

哇！好多哟！

作者
世界上的鲸与海豚比例图
1米
※ 想知道它们到底叫什么吗？在后边的内容里都能找到哟~

之所以重点介绍其中的40种，是因为鲸豚家族一共分为12科40属，每个属选一位作为代表，相信大家会更容易识别出它们的不同。接下来就让我们通过图解来简单认识一下这40个属的代表们吧！

同时这也是本书的索引目录！希望大家喜欢！喵！

须鲸亚目

小露脊鲸科

小露脊鲸属

小露脊鲸 21 页

灰鲸科

灰鲸属

灰鲸 22 页

须鲸科

须鲸属

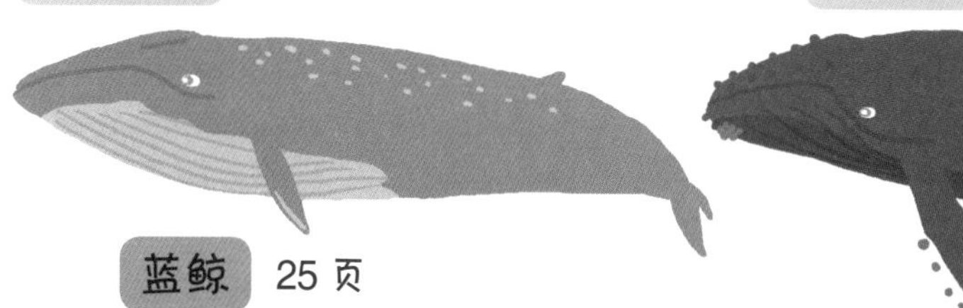

蓝鲸 25 页

大翅鲸属

大翅鲸 28 页

露脊鲸科

露脊鲸属

真露脊鲸属

弓头鲸 32 页

北大西洋露脊鲸 33 页

齿鲸亚目

小抹香鲸科

小抹香鲸属

小抹香鲸 35 页

抹香鲸科

抹香鲸属

抹香鲸 36 页

一角鲸科

白鲸属

白鲸 39 页

一角鲸属

一角鲸 42 页

海豚科

小虎鲸属

小虎鲸 46 页

领航鲸属

短肢领航鲸 47 页

虎鲸属

虎鲸 48 页

瓜头鲸属

瓜头鲸 51 页

齿鲸亚目

海豚科

伪虎鲸属

伪虎鲸 52 页

海豚属

短吻真海豚 53 页

露脊海豚属

北露脊海豚 55 页

白海豚属

亚马孙白海豚 56 页

驼海豚属

中华驼海豚 57 页

原海豚属

条纹原海豚 59 页

糙齿海豚属

糙齿海豚 60 页

宽吻海豚属

宽吻海豚 61 页

矮海豚属

康氏矮海豚 65 页

灰海豚属

灰海豚 67 页

齿鲸亚目

海豚科

坛喙海豚属

坛喙海豚 69 页

斑纹海豚属

大西洋斑纹海豚 70 页

短吻海豚属

短吻海豚 71 页

喙鲸科

槌鲸属

贝氏槌鲸 76 页

瓶鼻鲸属

北瓶鼻鲸 77 页

中喙鲸属

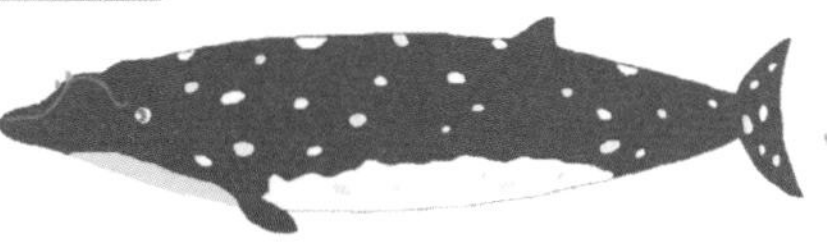

布氏中喙鲸 79 页

印太喙鲸属

印太喙鲸 80 页

塔喙鲸属

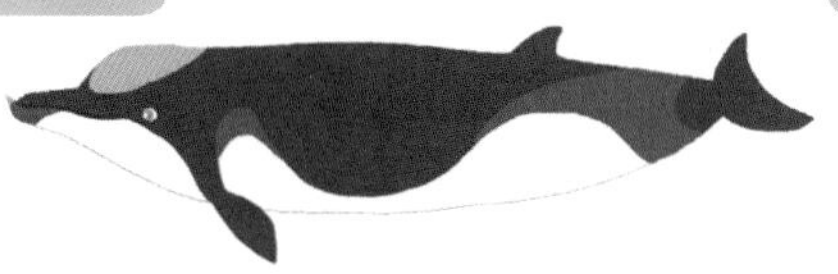

谢氏塔喙鲸 81 页

柯喙鲸属

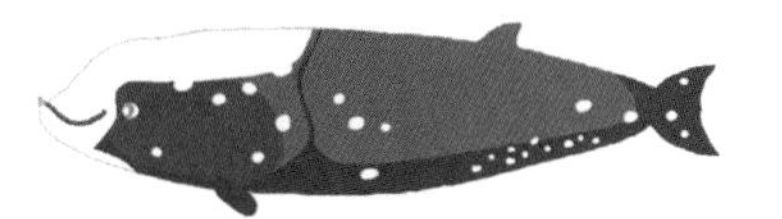

柯氏喙鲸 82 页

齿鲸亚目

亚河豚科

亚河豚属

亚河豚 84 页

白鳖豚科

白鳖豚属

白鳖豚 87 页

拉河豚科

拉河豚属

拉河豚 90 页

南亚河豚科

南亚河豚属

南亚河豚 91 页

鼠海豚科

江豚属

窄脊江豚 93 页

鼠海豚属

港湾鼠海豚 96 页

无喙鼠海豚属

无喙鼠海豚 98 页

参考画具

计算机手绘板
及画图软件

平板电脑或手机

油画颜料

丙烯颜料

水粉颜料

蜡笔

油画棒

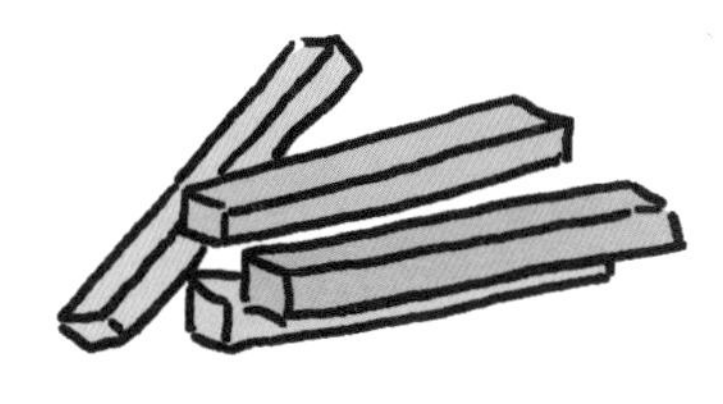

色粉笔

建议选择遮盖能力比较强的颜料，不建议使用水彩颜料、彩铅、水彩笔、中国画颜料等。材料介绍完，接下来就是创作了。

第 1 章

小露脊鲸科、灰鲸科、须鲸科

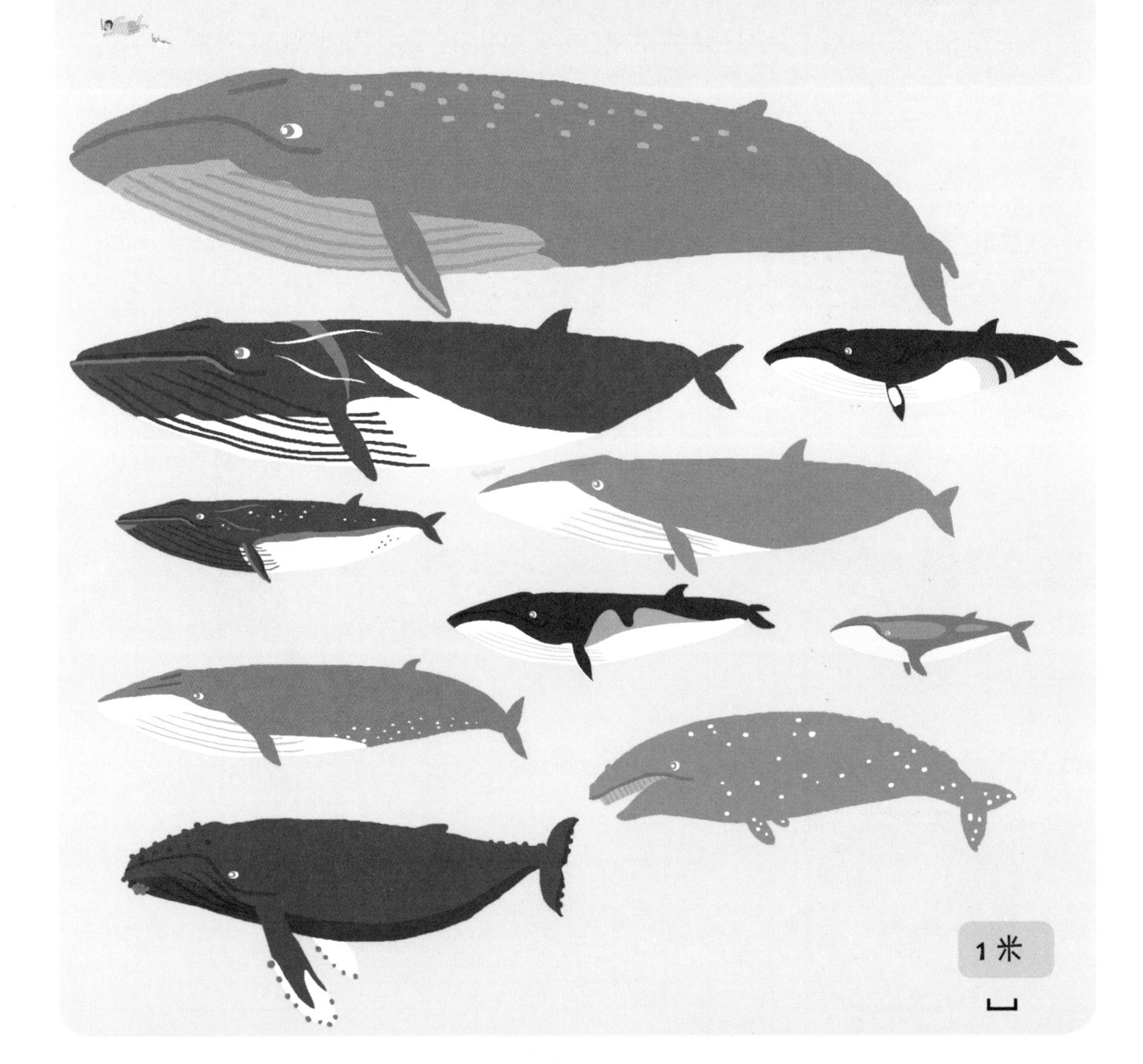

全世界体形最小也最神秘的须鲸——小露脊鲸！

小露脊鲸又称侏露脊鲸，它是须鲸大家族中体形最小的一位，身长只有 5.5 ~ 6.5 米。
比须鲸科的小须鲸还要小一半！

据科学家分析：小露脊鲸虽然名字里有“露脊鲸”三个字，但它们和真正的露脊鲸没有什么关系，甚至它们和须鲸科成员也没有太多关系。小露脊鲸的祖先可能早在 200 万年前就灭绝了，但不知道为什么，这位成员却活了下来！所以小露脊鲸是不折不扣的“活化石”哟！

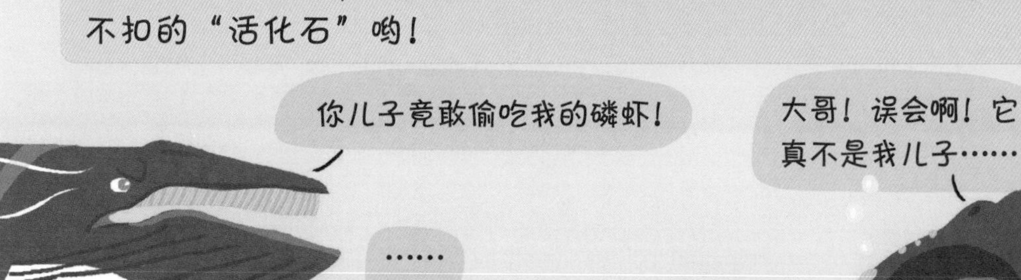

你儿子竟敢偷吃我的磷虾！
大哥！误会啊！它真不是我儿子……
……
南露脊鲸
长须鲸

但是小露脊鲸太腼腆了，往往只是头部露出水面几秒就又下沉了……所以科学家对它的了解至今都少之又少。

看！

好啦！知道你害羞，但也要跟大家打个招呼啊！
你好！喵！
你……们……好……
白色的鲸须

哺乳动物中的迁徙之王——灰鲸！

灰鲸是一种在北太平洋海域十分常见的大型海洋生物。它们是不折不扣的旅行家，每年的迁徙距离可达 10000 ~ 22000 公里！夏天，它们在东亚和北美附近的海域生活，到了冬天则迁徙到温暖的东南亚或墨西哥湾一带。

太平洋
哥们儿，今年哪儿过冬？一起去海南吧？
我打算去趟墨西哥！

灰鲸迁徙路线图

由于经常迁徙并且喜欢在海底捕食，所以灰鲸的身上有很多棕色和白色的“斑点”，其实那些都是寄生的鲸虱、藤壶或伤痕！

常年在外跑，哪儿有不磕磕碰碰的！
藤壶
伤痕
鲸虱

※ 刚初生的灰鲸其实身上很干净并且颜色发深。

去的地方多了，各地的美食都品尝过！灰鲸的食谱可谓相当丰富！

灰鲸通常一头扎到海底，张开大嘴能捞到什么就吃什么。在捕食中，它们往往会把一些小贝壳、小螃蟹、小海星之类的无脊椎动物从沙子中带到身上，每次浮上水面便会招来许多海鸟。

今天的自助餐有海螺！

暴雪鹱

灰瓣蹼鹬

三趾鸥

哇！海星留给我！

厚嘴海鸦

过去，灰鲸曾一度遭到人类的捕杀，直到 1946 年开始得到了有效保护，种群数量才日益恢复。

二楼的朋友，你们好！合影请排队！
灰鲸！你好！！
WHALE

不过灰鲸也是有天敌的！那就是虎鲸！！

下回再合影！我先撤了！再见！

灰鲸！快跑！
WHALE

？？？
嘘！
咔嚓！

蓝鲸是现今世界上体形最大的动物！

蓝鲸是世界上现存体形最大的动物，一头成年蓝鲸相当于30头成年大象的体重。排在第二、第三的分别是它的表亲——长须鲸和塞鲸。

刚初生的蓝鲸宝宝就有成年河马那么重！

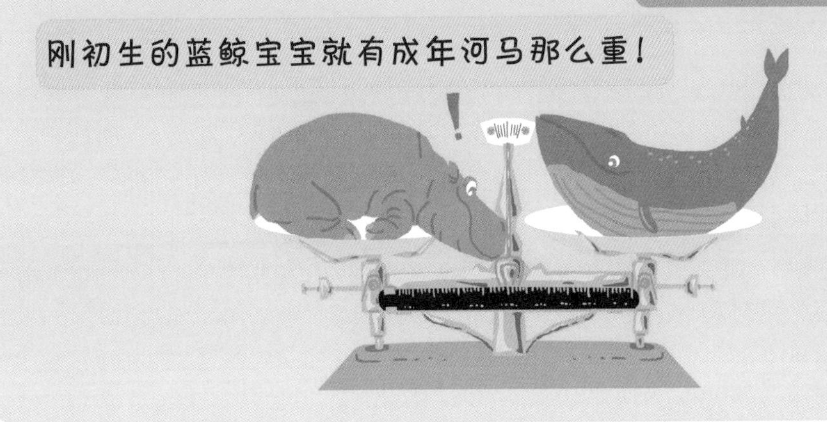

虽然蓝鲸体形庞大，但却只喜欢吃细小的磷虾和哲水蚤。

磷虾
长约 10~20 毫米

哲水蚤
长约 1.5~13 毫米

蓝鲸一天能吃掉约 200 万只磷虾！它就是这样捕食的。

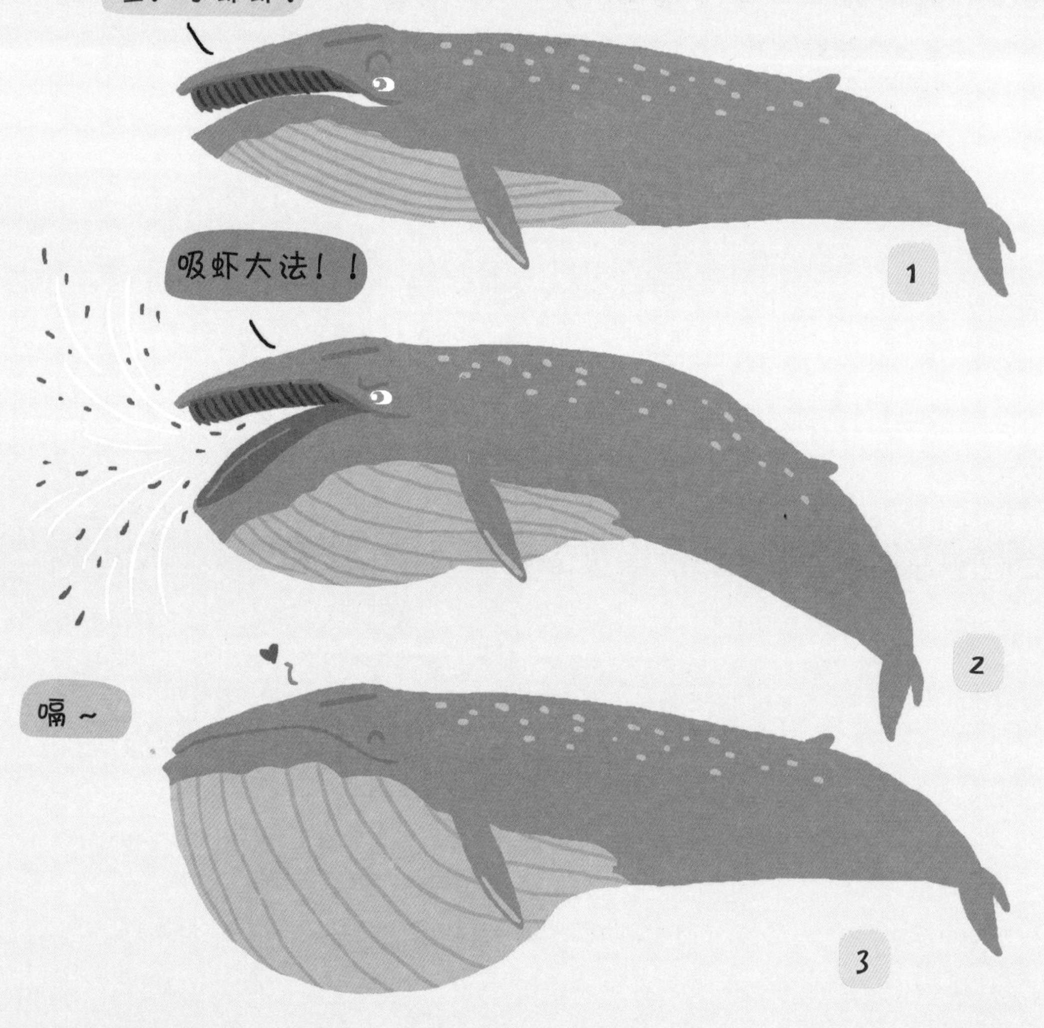

由于蓝鲸体内有丰富的脂肪，在过去的 1 个世纪里，曾遭到大量的捕杀。

直到 1960 年，国际捕鲸委员会开始禁止捕杀蓝鲸，但之前已有 350 000 头蓝鲸不幸遇害。它们被制成了润滑油、肥皂、蜡烛、鞋油等产品。

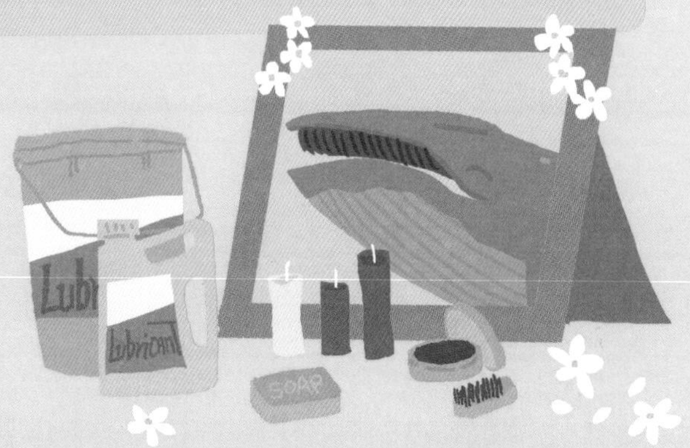

如今，在国际组织的有效保护下，虽然蓝鲸仍作为濒危物种，但数量却在逐渐恢复。目前全球约有 10 000~25000 头。

历史决不能重演！
请大家保护我们蓝鲸！！
拒绝使用濒危海洋生物制品！！！

海洋中的歌唱家——大翅鲸

大翅鲸，又称为座头鲸。座头一词源自日语，最初指的是以弹琵琶为生的盲僧人。大翅鲸的背部弯曲，很像座头背着琵琶，因此而得名。

喵！为啥不叫琵琶鲸？

因为大翅鲸真的是名副其实的音乐家哟！

大翅鲸是当之无愧的歌唱家！它每年有 6 个月时间都在歌唱，并且能够有节奏地发出 7 个八度音阶。

歌唱家为了保护嗓子有专门的食谱哟（才没有这个功效）！

大翅鲸不仅才艺突出，而且智商很高。科学家在它们的大脑中发现了一种纺锤体神经元，这种神经元之前只在人类、类人猿及海豚的身上发现过。

大翅鲸每年洄游上万公里，但从不迷路！科学家认为它们可能会利用太阳、月亮及星辰为自己导航。

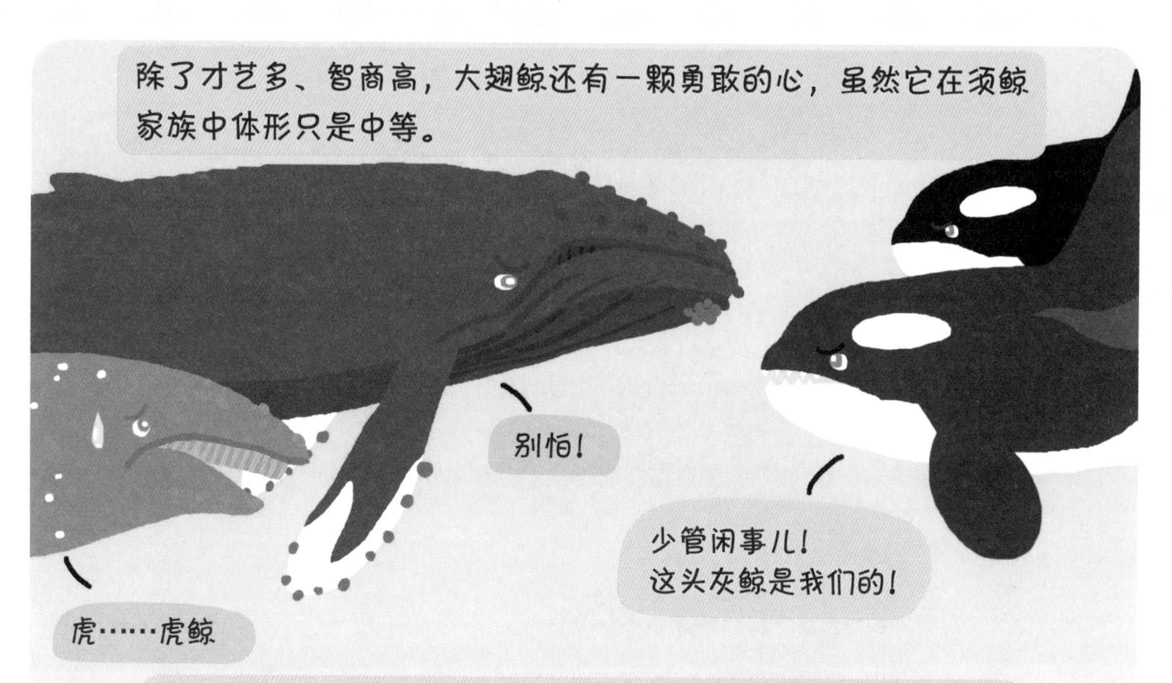
除了才艺多、智商高，大翅鲸还有一颗勇敢的心，虽然它在须鲸家族中体形只是中等。
别怕！
少管闲事儿！
这头灰鲸是我们的！
虎……虎鲸

大翅鲸经常见义勇为，去帮助那些被虎鲸围捕的小动物！
头锤攻击！！
甩尾攻击！！
大哥好厉害！
收我做小弟吧！
还是要学会保护自己啊！
咔嚓！

第 2 章

露脊鲸科、小抹香鲸科、抹香鲸科、一角鲸科

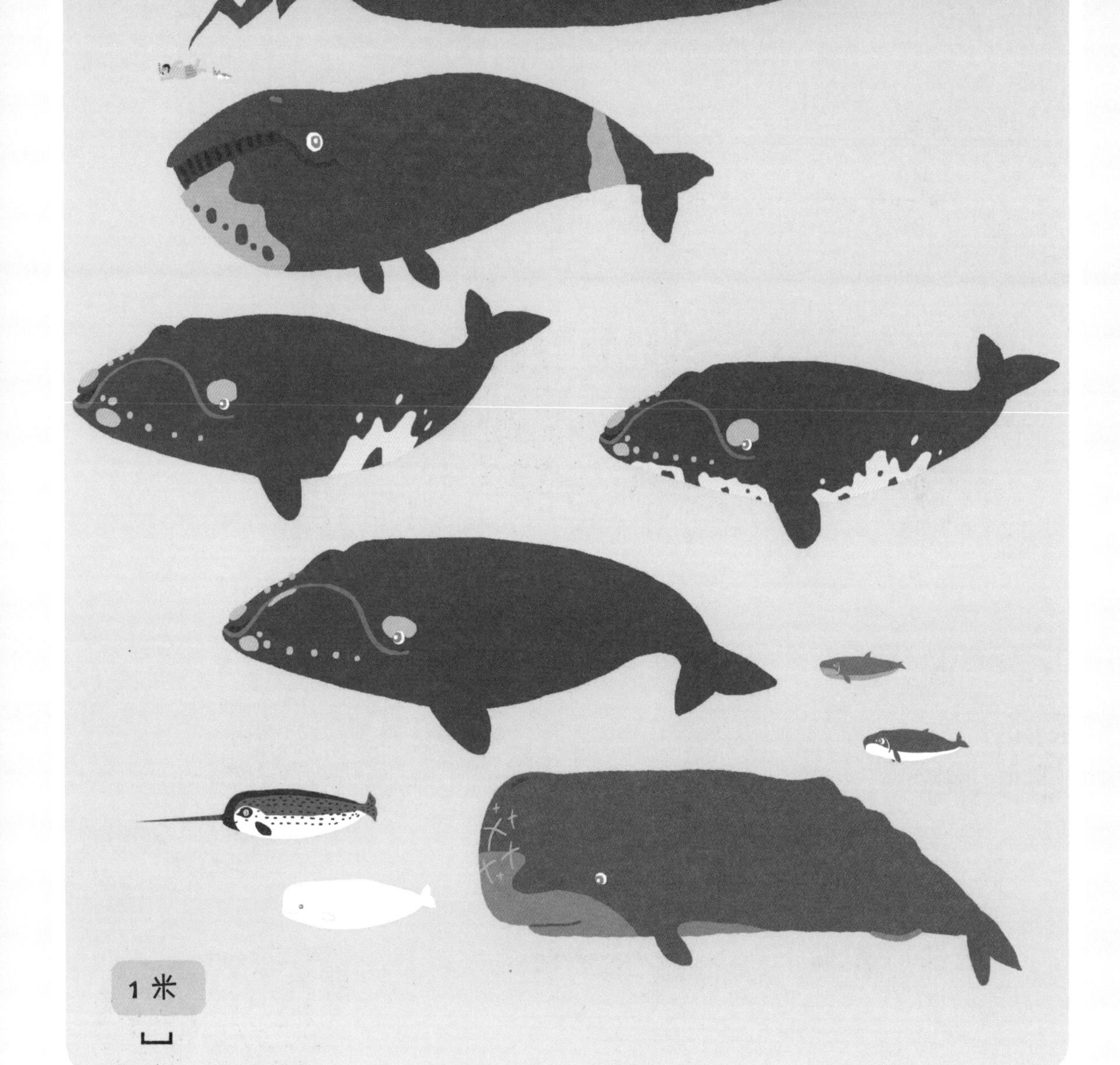

北极宅男——弓头鲸

弓头鲸，又称格陵兰露脊鲸。与善于迁徙的须鲸亲戚们相比，它更喜欢宅在北极附近的水域。

天儿太热，哪儿都不想去啊！

由于它们喜欢生活在寒冷的地方，科学家们对弓头鲸的研究相对较少。但人们曾在一头弓头鲸的体内发现了200多年前的象牙矛尖，由此判断，它们的寿命可达150~200岁！真是相当长寿啊！

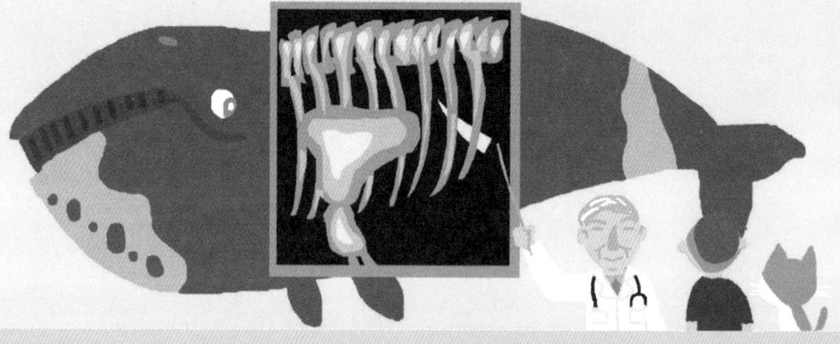

过去，弓头鲸曾遭到大量捕杀，如今商业捕鲸已被禁止，弓头鲸的数量得到了恢复。目前只有少数当地的因纽特人还维持着捕食弓头鲸的习俗，但对弓头鲸大家族来说影响并不太大。目前全球约有8 200~13 500头弓头鲸。

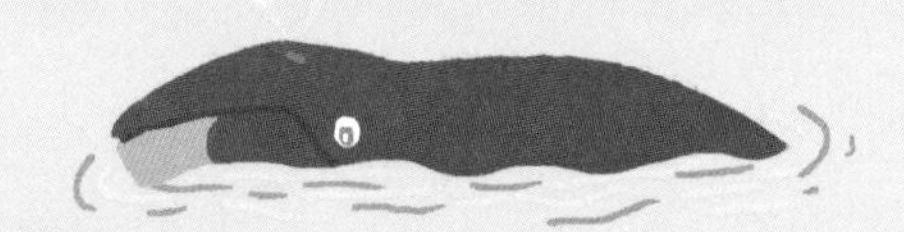

还是要合理合法地去利用大自然的资源啊！

喵！

命运多舛的小胖子——露脊鲸

北大西洋露脊鲸和北太平洋露脊鲸、南露脊鲸在过去被统称为露脊鲸。因为它们长得几乎一模一样，直到后来，科学家通过基因分析才发现它们是有差别的“三兄弟”。

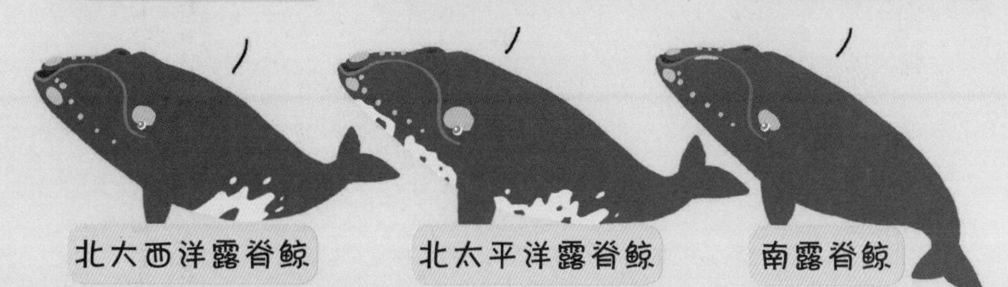

我的体形小一点！
我的体形大一点！
我生活在南半球！

露脊鲸是体形最肥硕的须鲸，它们全身的脂肪含量接近总体重的40%，因此，即便死后也会一直漂在海上。

快上来，我发现一座小岛！

它们天生性格温顺，动作缓慢，喜欢拖着肥大的身体游到海岸附近去玩耍。

天气真好啊……

正因如此，它们成了捕鲸者的首选目标，露脊鲸在英文中被称为“对鲸”（Right Whale），这个名字正是捕鲸人起的。在1643—1951年，曾有成千上万头露脊鲸惨遭杀害。如今，在北大西洋，只剩下300～350头，而在北太平洋恐怕不足300头。南露脊鲸因为生活在无人居住的南极附近，所以才幸免于难。

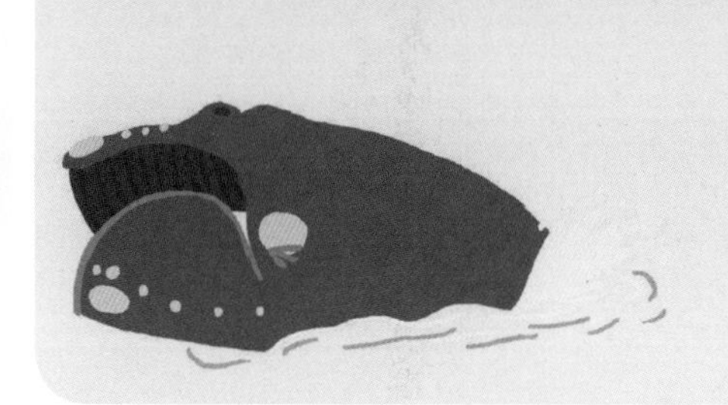

露脊鲸！抓住他！

从 1937 年开始，国际组织明令禁止捕捉露脊鲸。但偷猎的行为依旧持续了几十年才结束。

海上警察来了！快跑！
呼～好险……

虽然偷猎被禁止，但居住在北半球的露脊鲸的命运并没有得到太大好转。因为它们天生喜欢靠近海岸，但现在那些地方早已被大大小小的船只包围，露脊鲸一不小心就会撞到停泊的船只或被渔网缠绕。

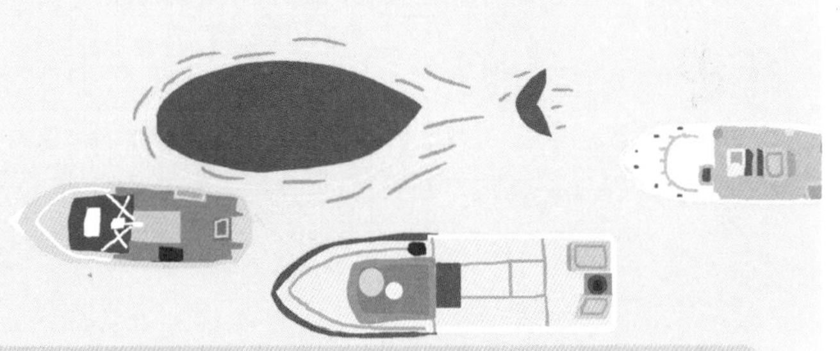

在 1970—2006 年，仅在北大西洋，就有 73 头露脊鲸不幸去世，其中人为因素占了 48%，有 37% 是因为撞击渔船造成的。科学家明确表明，如果不加强保护，可能在 200 年后，我们就再也见不到这个物种了。

请大家保护我们！
我们不想灭绝～

最像鱼的鲸——小抹香鲸

小抹香鲸是一种神秘的齿鲸类动物，它们只有鲨鱼般大小，并且长着像鱼一样的假鳃.

哥们儿！你是什么鱼啊？

嘿嘿嘿，我是鲸，这只是我身上的“文身”哟～

虽然小抹香鲸的名字带“抹香鲸”三个字，但它和抹香鲸并没有什么关系，它们只是远亲而已，而且彼此体形悬殊……

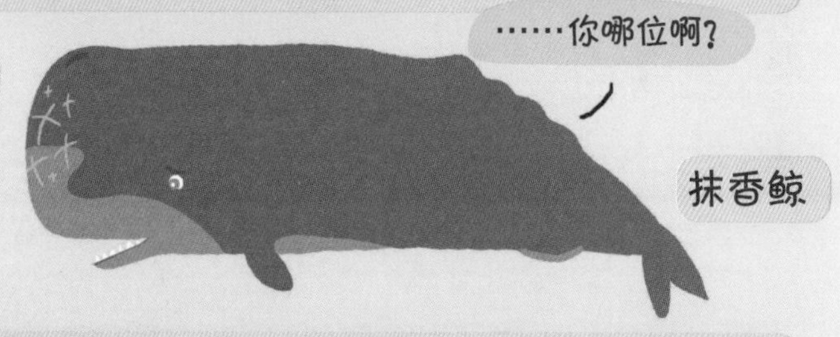

……你哪位啊？
哟！这不是我二舅它表姐三姨夫二表哥邻居外甥的孩子吗！都这么大啦！
抹香鲸

在受到惊吓时，小抹香鲸会从体内排出一种红色的液体来迷惑敌人，然后逃跑。

这种神秘的动物生活得非常低调，偶尔会慢慢地浮出水面，不溅出任何水花。在一些国家，小抹香鲸又被称为“浮鲸”……

世界上最大的齿鲸——抹香鲸

抹香鲸是世界上体形最大的齿鲸类动物之一，也是潜水能力最强的鲸类之一。它们能够屏住呼吸潜入水下 1 小时，并能够下潜到水深 2 200 米的环境中！

抹香鲸的头几乎占了全身长的 1/3，它们的大脑是目前地球上已知生物中最大的，平均约有 7.8 公斤，是人类大脑的 5 倍！

抹香鲸的肠道系统也是世界上所有动物中最长的，全长可达 300 米！和反刍动物一样，抹香鲸拥有四个胃！

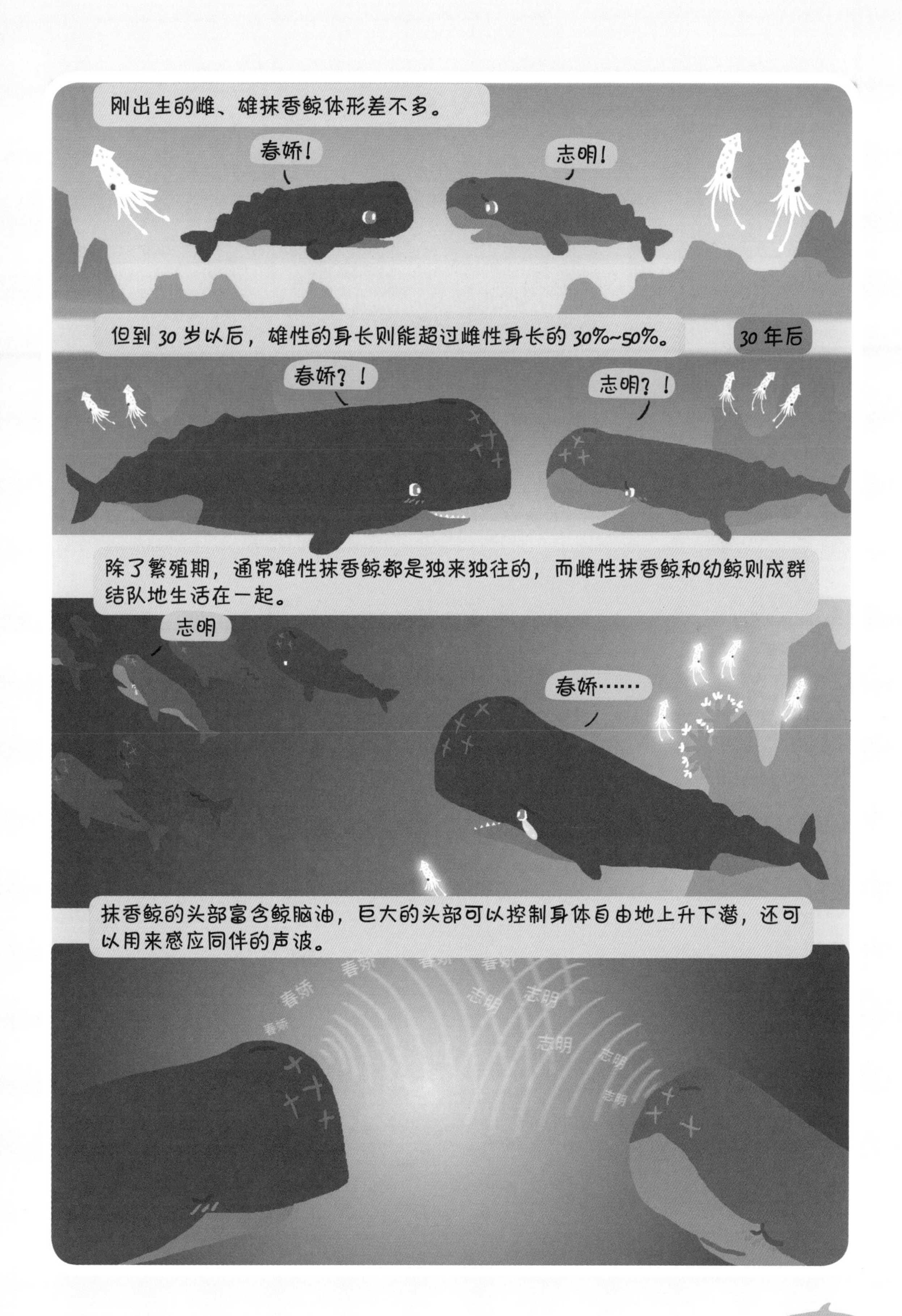

刚出生的雌、雄抹香鲸体形差不多。
春娇!
志明!
但到30岁以后，雄性的身长则能超过雌性身长的30%~50%。
30年后
春娇?!
志明?!
除了繁殖期，通常雄性抹香鲸都是独来独往的，而雌性抹香鲸和幼鲸则成群结队地生活在一起。
志明
春娇……
抹香鲸的头部富含鲸脑油，巨大的头部可以控制身体自由地上升下潜，还可以用来感应同伴的声波。
春娇
志明

以前，科学家看到抹香鲸遍布伤痕的头部，便联想它们可能在深海中曾与“怪兽”搏斗过。

后来，科学家在抹香鲸的体内发现了大王鱿的残骸，再后来又发现了搁浅的大王鱿。因此确定，这并非“神话传说”，在深海中抹香鲸确实以这些巨大的生物为食。

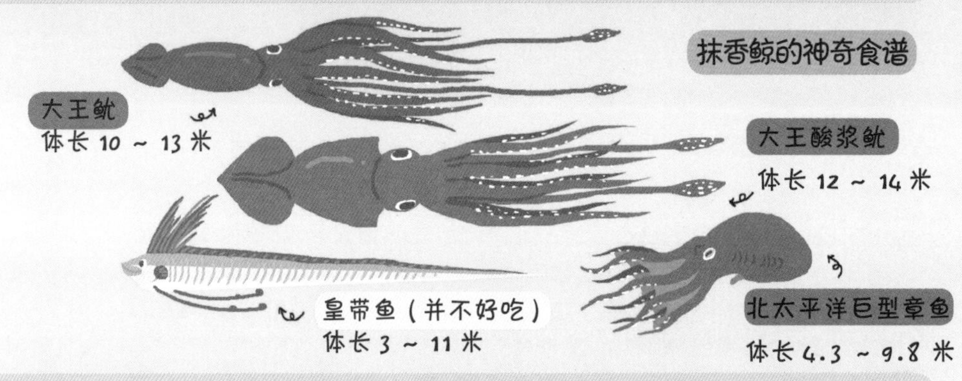

在消化这些生物的过程中，往往因为乌贼的嘴或吸盘过于锋利而刺激到抹香鲸的肠胃。久而久之，这种未消化的食物会变成体内的一种分泌物——龙涎香，经过提炼它会成为一种昂贵的香料制品。

过去，人们为了得到鲸脑油和龙涎香而大量捕杀抹香鲸，直到 1980 年捕鲸活动才被禁止。所幸抹香鲸在海洋中除人类外并无天敌，如今种群数量也在逐渐恢复。

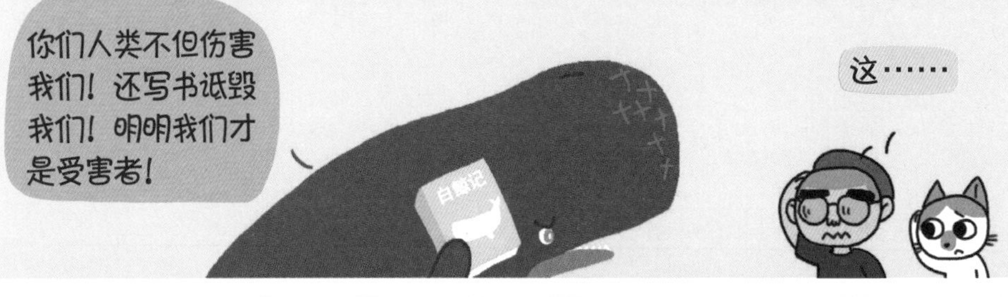

你们人类不但伤害我们！还写书诋毁我们！明明我们才是受害者！
白鲸记
这……

※《白鲸记》讲述的是一头凶残无比的名叫莫比·迪克的白化抹香鲸与人类船长搏斗，最后同归于尽的故事。

海上金丝雀——白鲸

白鲸，因浑身雪白而得名，并且它们生活在冰天雪地的北极哟！

因为叫声婉转多变，白鲸又被称作“海上金丝雀”。

除了嗓子好，它们还是实实在在的表情帝！白鲸通过改变前额与嘴唇的形状，能够制造出不同的“表情包”。

开心　吹口哨　皱眉

白鲸拥有鲸类中最精巧复杂的回音定位系统，这使它们在环境复杂的北极冰川中生活得悠然自得。

白鲸天生胆大、好奇心强，喜欢群居。它们尤其喜欢与弓头鲸生活在一起。科学家分析，可能是由于弓头鲸能够帮助白鲸撞破一些坚硬的冰层。

白鲸的食谱很丰富，主要以各种鱼虾为主。

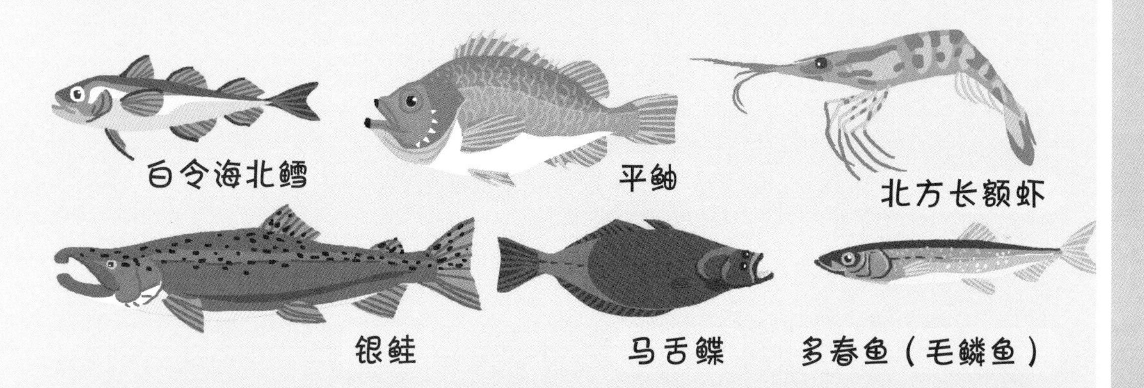

过去，白鲸曾遭受人类的大量捕杀，直到 1973 年颁布国际禁捕令，该行为才得到遏制。除生活在北极的土著人可以少量捕食外，其他商业捕杀白鲸的行为都被严格禁止。

如今白鲸主要的威胁来自捕食者、海洋污染，以及海洋馆贸易。

头上有“角”的鲸——一角鲸

一角鲸，又称独角鲸，是所有鲸豚中长相最为奇特的一种，它们因头上的长牙而闻名。通常一角鲸的长牙长在头部偏左侧，但也有一些个体，会在右侧长出第二颗长牙。

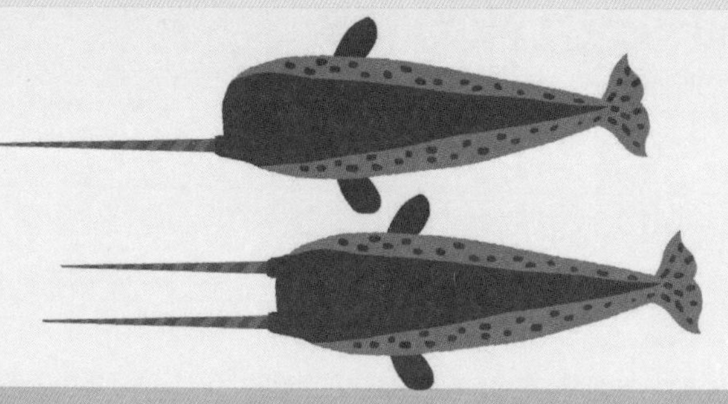

※在500头一角鲸中才会有一头两角鲸哟！

以前，科学家们认为一角鲸的角可能是雄性用来决斗的武器，但后来发现并非如此。一角鲸天生热爱和平，它们通过角与角的碰撞来相互问候。

科学家们通过航拍发现，一角鲸在捕猎时也会用角来击晕猎物。同白鲸一样，一角鲸群居在北极，以各种鱼类为食。

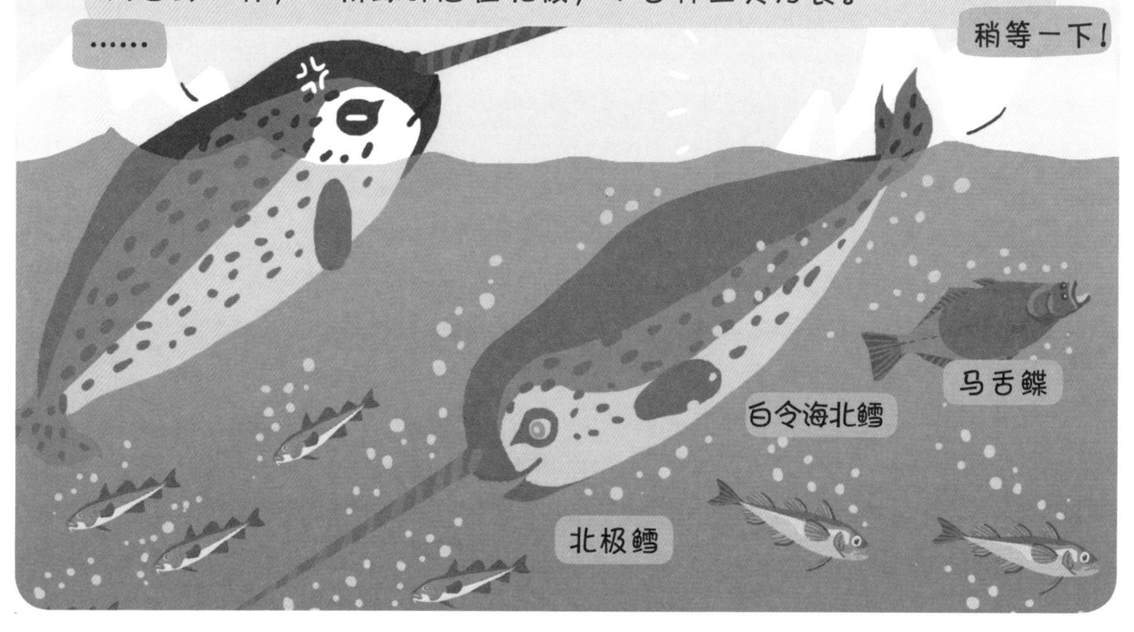

有趣的是，刚出生的一角鲸是灰白色的，成年后会长出暗褐色的斑点和白色的肚皮，但到了老年，斑点又会一点点褪去，几乎变成全白的。

一角鲸的天敌主要是北极熊、虎鲸、海象，以及格陵兰睡鲨。

但它们最主要的天敌还是人类！自17世纪以来，一角鲸的长牙一直被欧洲人视为珍宝。

Narwhal

古代欧洲人迷信地认为一角鲸的长牙正是传说中独角兽的独角。

甚至一度认为一角鲸的长牙能够解毒和治疗抑郁症。

20世纪后，虽然欧盟组织提出了相关禁令，但生活在北极的土著人依旧可以靠一角鲸大发横财。尤其是枪械代替了传统的捕鲸工具后，一角鲸的命运堪忧。

第3章

海豚科

1米

神秘莫测的海洋杀手——小虎鲸

小虎鲸，虽然在海上分布广泛，但却是一种十分神秘的海洋动物。因为它们生活得相当低调，并且因为它们身上的颜色，人们经常将它们和伪虎鲸、瓜头鲸搞混。

1827 年和 1874 年，人们发现了小虎鲸的 2 个头骨标本。但直到 1952 年，人们才第一次近距离地见到活的小虎鲸。直到如今，小虎鲸也是在捕鱼的过程中偶尔才会被见到的生物。

1963 年，日本的科学家曾有幸捕捉到 14 头小虎鲸，并且希望将它们饲养起来以便研究。但这 14 头小虎鲸仅在人工环境中存活了 22 天就集体死亡了。

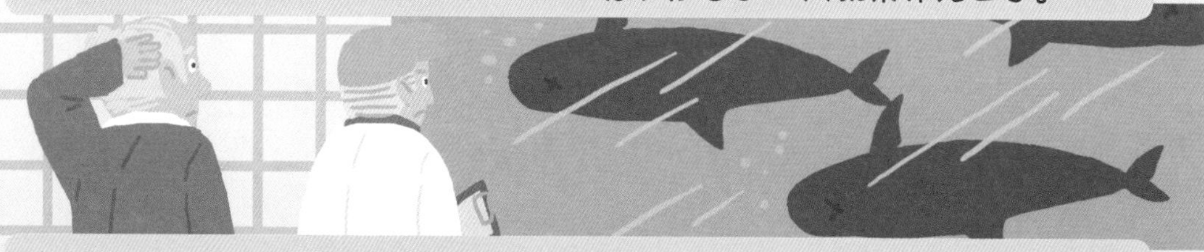

由于不易观察，又无法饲养，至今科学家们对小虎鲸还并不了解。目前发现，小虎鲸虽然只有海豚般大小，却以猎杀和它体积差不多大的其他海豚为食，这确实让人意外！

深海中的猎豹——短肢领航鲸

短肢领航鲸，又称圆头鲸，它们是一种非常喜欢交际的群居动物，经常10 ~ 30头地聚在一起，有时甚至会达到50 ~ 100头。前行时，它们往往会排成一排并肩前行，非常有秩序又有气势。

大部分海域中都有短肢领航鲸的身影。虽然它们出镜率很高，但大多时候它们还是更愿意潜到海底的，因为那里有它们最喜欢吃的——鱿鱼！

为了吃，短肢领航鲸也是够拼的，它们往往会潜到水下300 ~ 800米深的环境中觅食。神奇的是，即便潜得很深，它们依旧可以保持高速游动，时速可达45千米。所以短肢领航鲸又被戏称为“海中猎豹”。

啊！
豹的速度！

依仗着数量多、速度快，短肢领航鲸偶尔还喜欢去骚扰庞大的抹香鲸。至于出于什么目的，目前科学家们还没有结论。

我觉得这是一种狩猎行为。

我觉得它们这样就是恶作剧而已。

世界上最大的海豚——虎鲸

虎鲸，又称逆戟鲸，虽然名字里带“鲸”，但它其实是世界上体形最大的海豚！

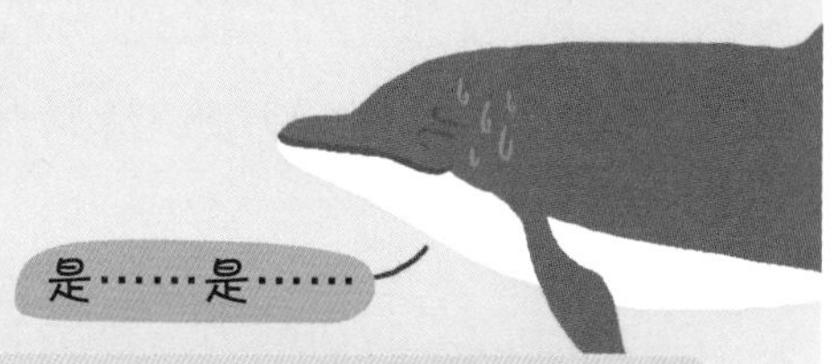

没错！我们其实是远亲哟！看我们的牙齿都很像！
是……是……

虎鲸分布广泛，从北极到南极，再到热带海洋，都有它们的身影！虎鲸有不同类型的族群，除一些外形特征有区别外，群体之间爱吃的猎物也各不相同。

居留型　　过客型　　远洋型

虎鲸是一种高度社会化的海洋哺乳动物。一般，它们由母系家族组成，每个族群之间的狩猎技巧、鸣叫声音等都各不相同。科学家们认为这是虎鲸族群之间代代相传的特有的文化表现。

阿拉迷路啦，侬晓得这是哪里伐？
听口音大兄弟你不是本地人儿吧？

虽然虎鲸在英文中被叫作“Killer whale”，直译为“杀人鲸”或“杀手鲸”，但实际上它们在海上并不会主动攻击人类。

在18世纪，西班牙作家在海上看到虎鲸追逐须鲸，于是就给它们起名叫“鲸鱼杀手（Whale killer）”。后来这个叫法被误传，导致单词颠倒，虎鲸就背上了“杀人鲸”的黑锅……

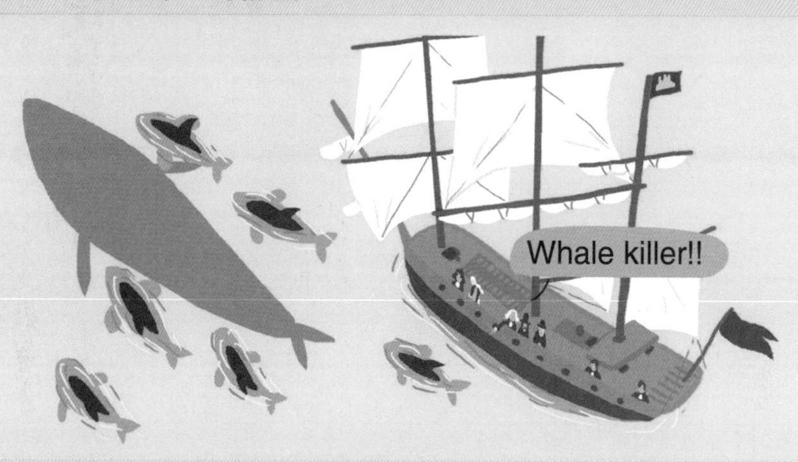

随着科学的发展，人们逐渐了解到虎鲸温顺的本质。同时，人类开始利用虎鲸的这种本质。从20世纪60年代开始，许多虎鲸宝宝被捕鲸者活捉，并被卖到世界各地的海洋公园进行训练和表演。

在辽阔的海洋中，虎鲸通常能活到 50 ~ 80 岁，曾经有一头长寿的虎鲸奶奶活到了 105 岁。但是在海洋公园里，它们只能活到 25 ~ 40 岁。由于生活空间狭小，人工饲养的虎鲸的背鳍都是向下耷拉的，显得无精打采。

相比身体上的变化，由于常年无休止的表演，很多虎鲸在精神上都高度紧张。2010 年 2 月，在美国奥兰多的一家海洋公园里，一头在那里生活了 30 多年的“明星”虎鲸，在表演的过程中由于精神崩溃，将驯兽员活生生地拖入水中，造成驯兽员当场溺亡。

据统计，早在 20 世纪 70 年代，全世界约有 20 多人先后受到虎鲸的袭击，这些事件均发生在海洋公园。或许人类应该进行反思，到底是坚持娱乐至上，还是应该还虎鲸们自由呢？

抵制海洋动物表演！
还虎鲸自由！
我们不想成为“杀人鲸”！

深海外交官——瓜头鲸

瓜头鲸是一种生活在深海的海洋生物，它们分布广泛，很少浮出水面。由于头部尖尖的，外加游泳速度奇快，这使它们看起来很像一颗游动的鱼雷。

通常，瓜头鲸会上百头甚至1000头地聚在一起，它们十分享受这种集体生活。在大群体中往往又会组成多个10～14头的小家庭，彼此互相帮助，和睦相处。

兄弟们！我们去捉鱿鱼吧！
没问题！！！

有时瓜头鲸还会和别的海豚或鲸类生活在一起，它们是一种非常喜欢外交的海洋动物。

正是这个原因，瓜头鲸感染上各种寄生虫的概率也是最高的。曾有科学家在搁浅的瓜头鲸身上发现过12种不同的鲸虱，这在其他鲸豚身上是闻所未闻的。

哥们儿你哪儿来的？我是须鲸身上过来的。
我是从海豚身上来的！

对K！
管不了

……

酷似虎鲸的活化石——伪虎鲸

伪虎鲸可不是山寨版的虎鲸，之所以叫这个名字，是因为它们与虎鲸之间有许多相似之处。比如露出水面的背部看起来很相像。

并且都喜欢捕食其他海洋哺乳动物。

早在 1843 年，生物学家理查德·欧文（Richard Owen）就发现了一具奇怪的鲸豚类头骨化石，并一度认为这是某种灭绝的虎鲸的远亲。直到 1861 年有人在海上捕获了一只奇怪的海豚，经过对比发现，正是之前欧文先生提到的那颗头骨的真容。原来这就是伪虎鲸！

挡住我了！
哇！
怪兽？
Killer whale?
No...
理查德·欧文

随着科学的进步，人们逐渐发现，伪虎鲸其实在热带海域尤其是夏威夷一带海域十分常见。但也有海洋学家指出，伪虎鲸的栖息地这些年正在遭受破坏，不保护起来的话将面临濒危，眼下应该重视对它们的保护。

族群数量最多的海豚之一——短吻真海豚

短吻真海豚是一种分布广泛，并且十分喜欢群居生活的中型海豚。它们经常是 1000 ~ 100000 头地聚在一起。

它们一起旅行。

一起狩猎。

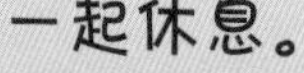

一起休息。

当同伴生病的时候，它们还会用鳍支撑生病的短吻真海豚继续生活。

早日康复，伙计！
谢谢……
客气啥？
背累了就换我来吧！

短吻真海豚的食物相当丰富，包括各种鱼类和鱿鱼。

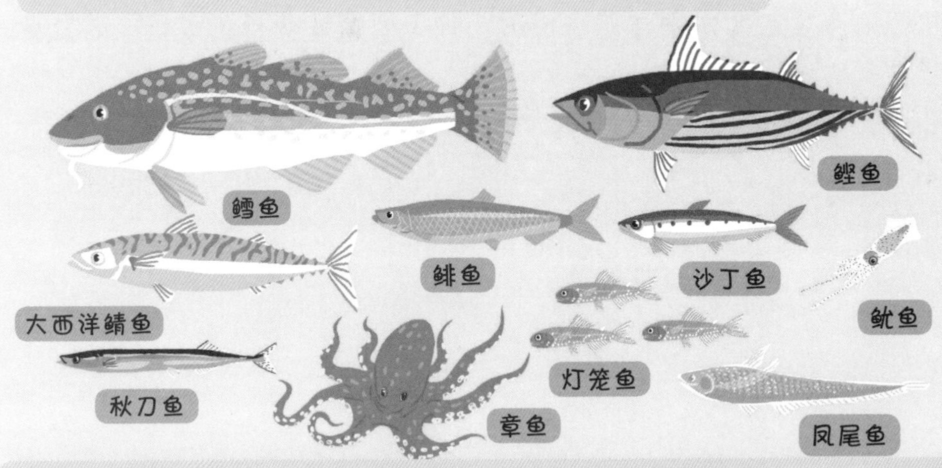

虽然短吻真海豚是世界上数量最多的海豚之一，但从 1996 年到 2007 年，它们的族群数量却在逐渐下降。
一方面，是由于渔船的过度捕捞，使它们的食物越来越少。

另一方面，则是拖网造成的伤害，平均每年都会有 1000 头短吻真海豚被误捕上岸。

没有背鳍的海豚——北露脊海豚

北露脊海豚是在北太平洋被发现的一种小型哺乳动物。它们经常与其他海豚一起旅行。

太平洋斑纹海豚
是啊
今天有点儿堵
短肢领航鲸
灰海豚

北露脊海豚和它的表亲南露脊海豚，是世界上仅有的两种没有背鳍的海豚。它们平滑的背脊很像露脊鲸，但其他特征又像海豚，因此在英文中它们又被称为“露脊鲸海豚（Right whale dolphin）”。

???!

由于身体纤细，每当北露脊海豚跳出水面的时候，总会被误认为是海狮或海狗。

北露脊海豚的
最爱是鱿鱼哟！

生活在淡水中的海豚——亚马孙白海豚

亚马孙白海豚是生活在南美洲亚马孙河中的一种海豚。虽然它们和淡水豚类的习性很像，但却是不折不扣的海豚。

外观上亚马孙白海豚很像宽吻海豚，但在体形上却要小得多。

在当地，人们亲切地将它们称作Tuchuchi-ana！翻译过来就是“土库海豚”的意思。

在宽广的河流中，亚马孙白海豚捕捉着水中各种各样的小鱼，过着与世无争的生活。但是，河流的污染和拦河水坝的建设，对它们造成了不小的威胁。

我们的栖息地很小，请保护我们的家园！

以“中华”命名的海豚——中华驼海豚

中华驼海豚，又称为中华白海豚。

最初中华驼海豚和印度洋驼海豚、澳洲驼海豚被科学家们认为是同一物种的不同形态的亚种。现在，它们被独立为不同的物种。

以前我和白老哥的名字经常被搞混。对吧，白哥！

是啊！分开之后大家就比较好辨认了，哈哈！

哥哥们好！我是在2014年新独立出来的！

刚出生的中华驼海豚是铅灰色的，长大后身上的灰色会慢慢变浅，成年后变成有斑点的粉红色，老年后则完全变成浅粉色甚至白色。

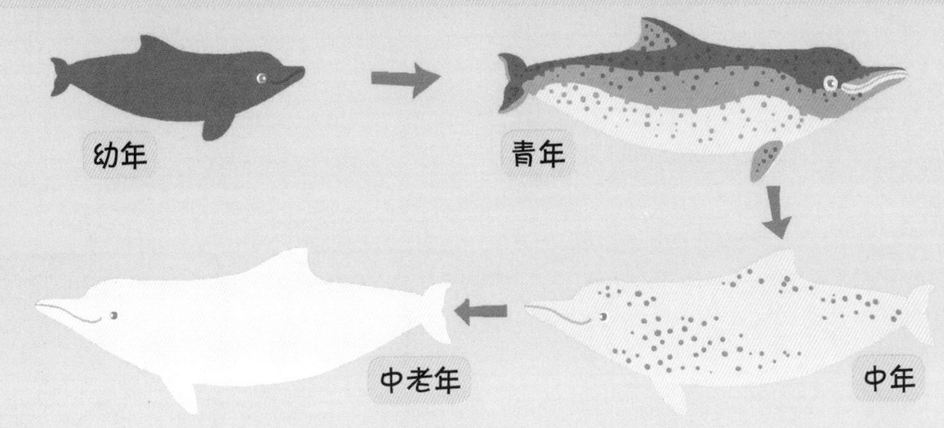

在我国南方的一些沿海地区，偶尔能见到中华驼海豚三五成群地聚在一起。由于潜水能力不佳，它们通常只能在水下待 2~8 分钟，之后会浮出水面呼吸 20~30 秒。

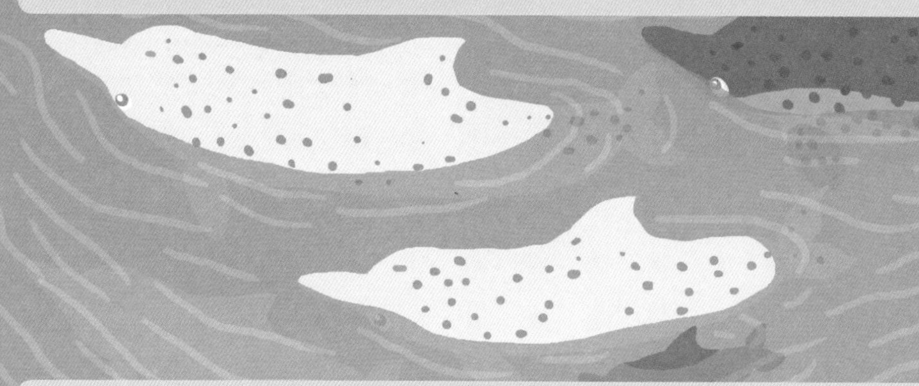

近些年，由于环境污染导致栖息地减少，中华驼海豚的生存正在遭受严重影响。仅在香港地区，从 2003 年发现的 159 头，到 2013 年就只剩下 61 头。

除环境影响外，一些小型的旅游船擅自带游客去投喂、触摸甚至伤害中华驼海豚，也对它们的生存产生了威胁。

请不要随意投喂野生动物，还中华驼海豚一个美好家园！

血统复杂的条纹原海豚

条纹原海豚是一种被科学界广泛研究的，以及在全球的温热带水域中能经常看到的海豚种类。它们成百上千地群居在一起，以捕食鱼类、乌贼、章鱼、甲壳动物和磷虾为生。

有科学观点认为，条纹原海豚可能并不是一个通过自然进化而诞生的海豚种类。通过研究发现，它们和短吻飞旋原海豚 、大西洋点斑原海豚、短吻真海豚以及宽吻海豚都有血缘关系。

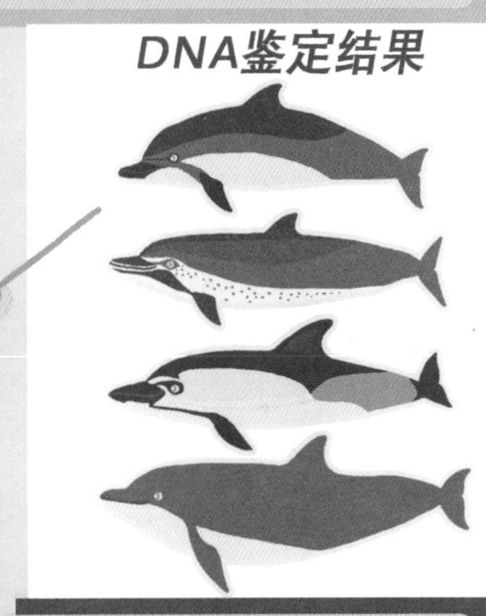

如今，条纹原海豚的数量多达百万头，但早在20世纪40年代，它们曾遭到毁灭性的屠杀，并以每年8000~9000头的数量消失。最多的时候，在一年的时间里就有2.1万头条纹原海豚惨遭不幸。直到20世纪80年代，世界捕鲸大会提出配额制度，严格限制捕获条纹原海豚的数量，每年不能超过1000头。从此它们的种群数量才得以慢慢恢复。

相貌奇特的糙齿海豚

糙齿海豚是一种长相奇特，但十分罕见的海豚。它们最显著的特征就是锥形的头部和细长的大嘴。不过，想要在海上鉴别并不容易，因为仅从背部来看，它们与其他海豚都很接近。

嗨！好久不见啊！脸又瘦了。
现在流行锥子脸。

糙齿海豚是典型的群居动物，通常是 10 ~ 20 头聚在一起。偶尔会和短肢领航鲸、伪虎鲸或座头鲸一同群游。

目前，海洋学家对它们习性的研究并不多，从一些搁浅的糙齿海豚胃里曾发现过各种小鱼。

世界上最知名的海豚——宽吻海豚

宽吻海豚是一种分布广泛、非常有名气的海豚。一般来讲，即便是对动物不太了解的人，一提到海豚脑海里浮现的也都是宽吻海豚的模样。

过去，宽吻海豚被公认为只有一种，如今，随着DNA分子结构技术的运用，科学家将它们重新分成了三种。

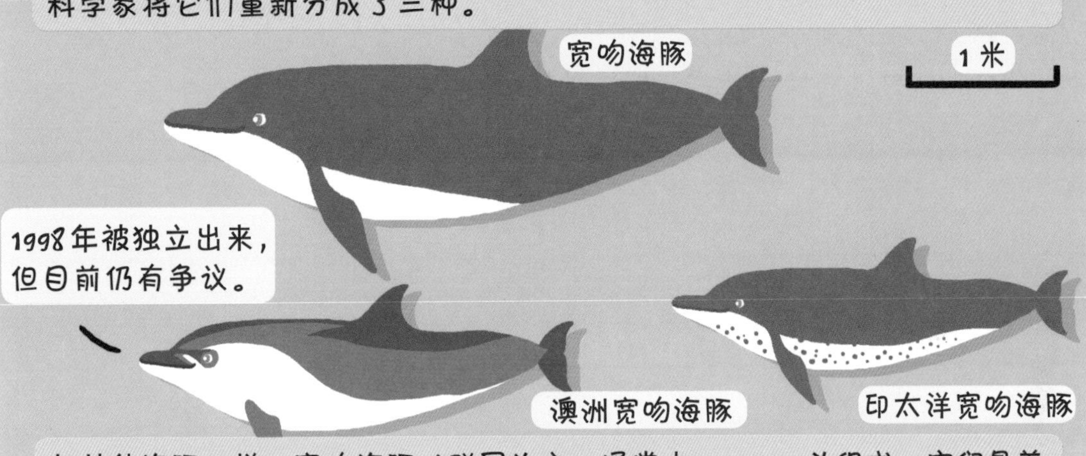

与其他海豚一样，宽吻海豚以群居为主，通常由10～30头组成。它们是善于沟通的动物，可以通过不同的声音和动作来进行交流。

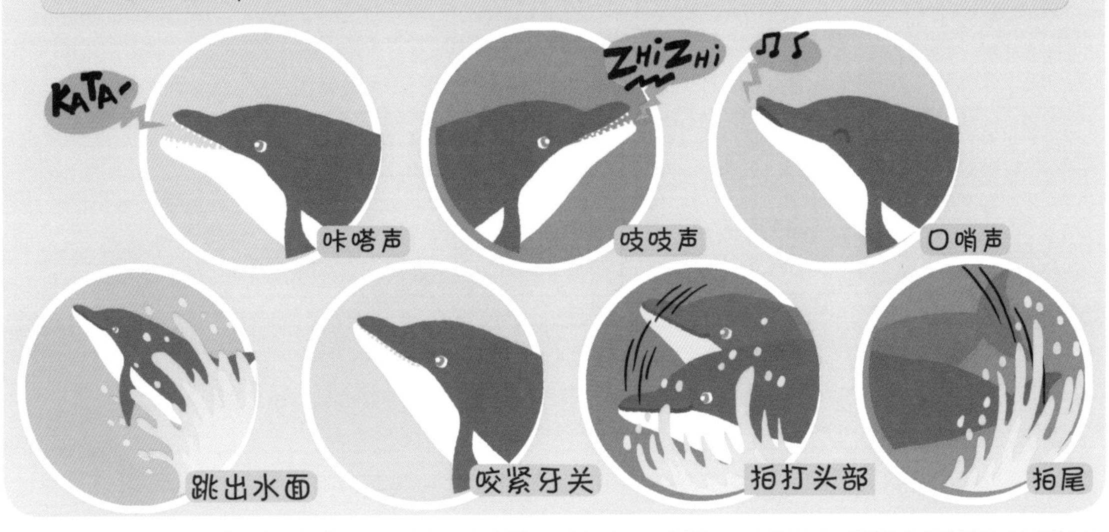

宽吻海豚的智商非常高，仅次于人类。

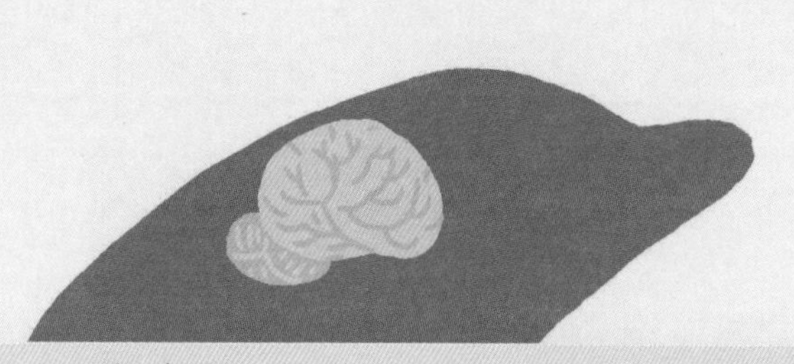

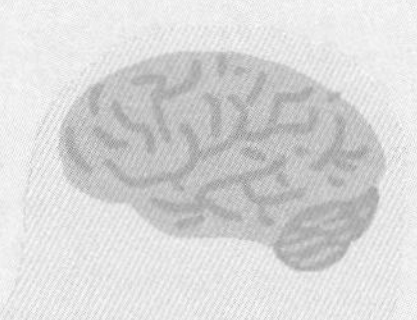

因为宽吻海豚很聪明，所以它们很早便学会了与人类互惠互利。在海上，宽吻海豚会与渔民合作，将鱼群赶到渔网里，并吃掉那些漏网之鱼。

20 世纪 60 年代，随着海洋馆和水族馆表演的兴起，使宽吻海豚成了家喻户晓的“大明星”。

有些军队甚至将宽吻海豚运用到军事中，训练它们，用来探测水雷或潜水艇。

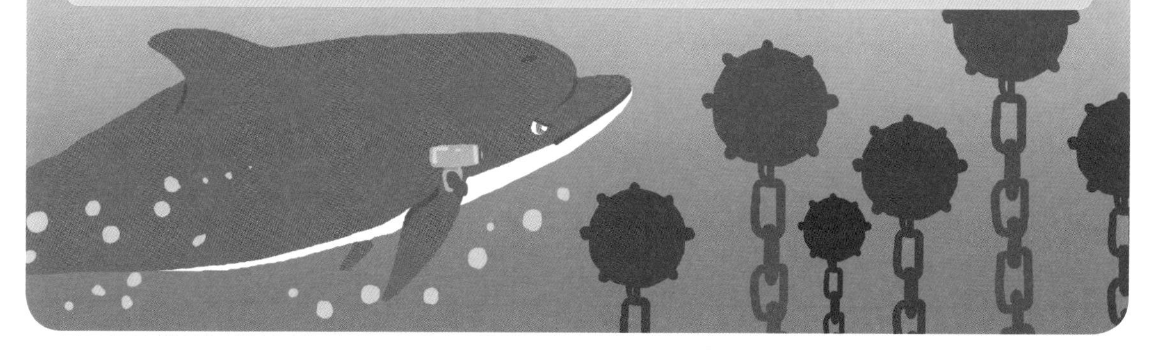

当然，宽吻海豚最厉害的还是它的回声定位本领。它们通过发出的声音和听到的回声来判断远处物体的大小、速度及距离。

通常，人们认为利用回声定位的动物视力都不太好，但宽吻海豚却不一样。它们的视力非常棒，像戴着探照灯一样能看清水中的物体。

相比之下，它们的味觉并不那么灵敏……

我觉得这条鱼比那条鱼好吃
吃不太出来……

虽然宽吻海豚有牙齿，它们却不会咀嚼食物。

宽吻海豚主要以各种硬骨鱼为食。

除此之外，它们还会捕食比自己体形小的鲨鱼。

如果遇到与自己体形差不多的鲨鱼，呃……它们一般会选择逃走……

有时，宽吻海豚还喜欢从鲨鱼口中抢救落难的潜水员。虽然至今也无法解释为什么，但可以看出，宽吻海豚和鲨鱼真是天生的一对冤家。

鲨鱼看着好可怕啊！
哈哈，虽然如此，但这都是野生动物的天性。不管海豚还是鲨鱼，都需要我们的保护！其实很多鲨鱼是比海豚还要濒危的物种。

“黑白相间”的康氏矮海豚

康氏矮海豚是一种小型海豚，它们因身上长有黑白相间的图案，又被人们戏称为“臭鼬海豚”或“熊猫海豚”。

这种海豚分布并不广泛，一共只有两个亚种。神奇的是，这两个族群之间相隔了将近8500千米！一种生活在南大西洋，一种生活在印度洋。

康氏矮海豚虽然个头小、分布少，但却是一种十分活跃的海洋动物。它们经常游到离船很近的地方，一点儿都不害怕人类。

康氏矮海豚从不挑食，只要是能吃进嘴里的，它们都来者不拒。

康氏矮海豚丰富的猎物

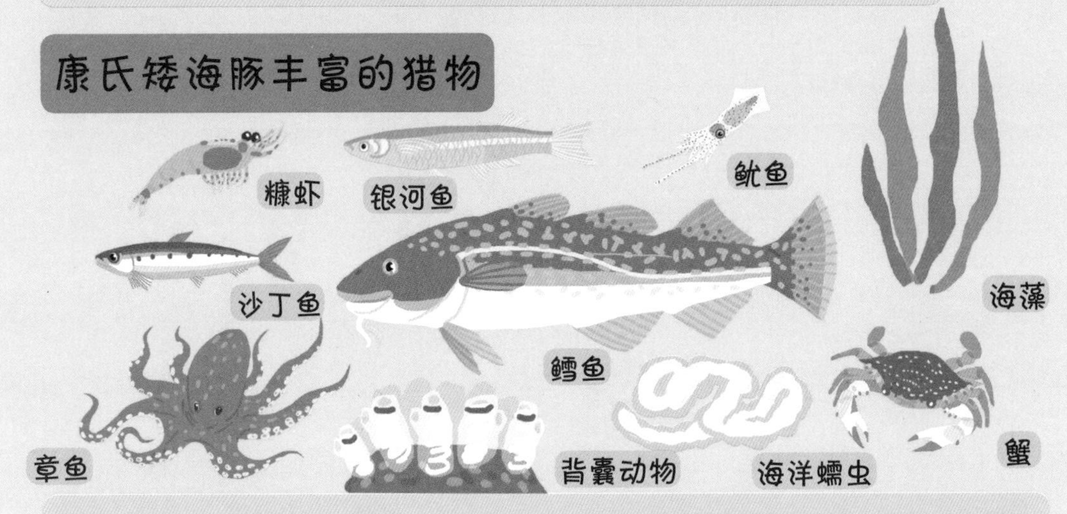

每当康氏矮海豚狩猎的时候，总会引来许多附近的燕鸥，它们会与康氏矮海豚协同作战，驱赶那些无路可逃的小鱼。

由于分布的局限性，从20世纪80年代开始，康氏矮海豚就被很有效地保护起来了。如果你有幸去阿根廷或印度洋南部的小岛上旅游，就有可能见到它们的身影哟！

没钱
耶！咱们也赶紧出发吧！我要去看康氏矮海豚！

伤痕累累的灰海豚

灰海豚又称里氏海豚。它们因为长得圆头圆脑，又被戏称为“和尚海豚”。

刚出生的灰海豚是灰色的，随着年龄的增长，身体的颜色会变得越来越深。有意思的是，过了中年身体的颜色又会变得越来越浅，到了老年全身几乎会变成白色。

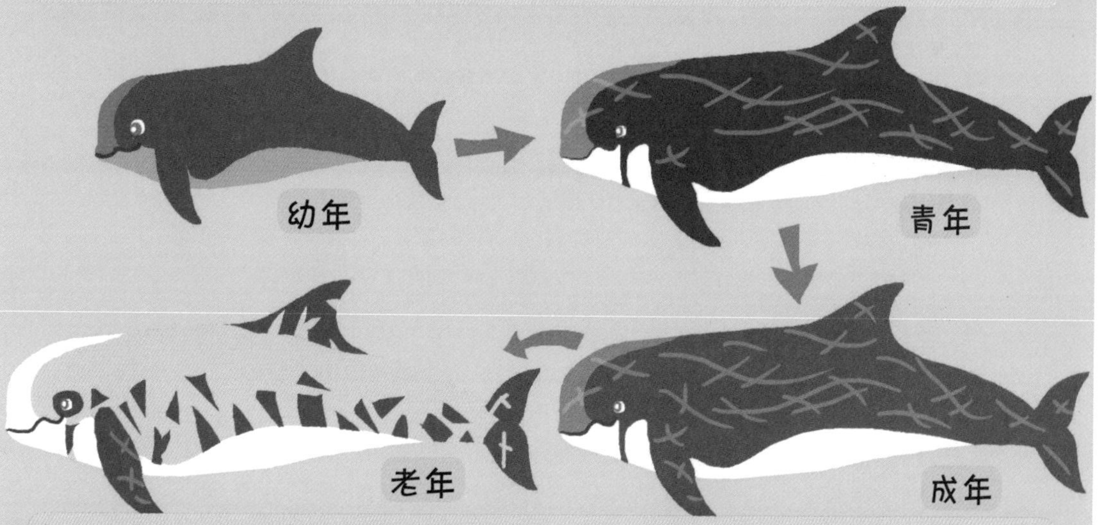

灰海豚广泛分布于温带和热带水域中，它们尤其喜欢在深海中游荡，那里有它们喜欢吃的乌贼。

灰海豚浑身上下的伤痕，到底是怎么造成的呢？海洋学家给出了以下几种推测。

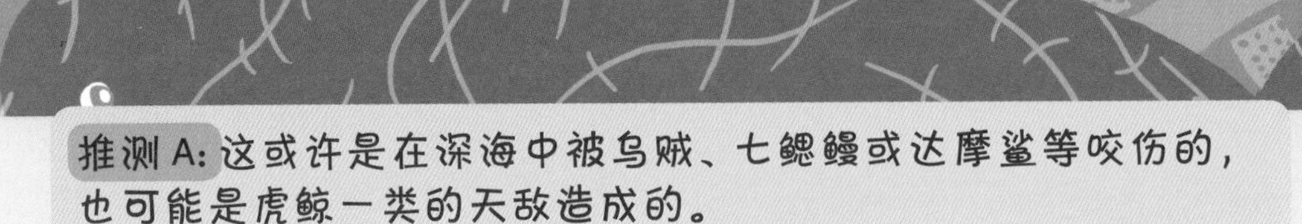

推测 A：这或许是在深海中被乌贼、七鳃鳗或达摩鲨等咬伤的，也可能是虎鲸一类的天敌造成的。

推测 B：同类之间相互打斗或玩耍造成的，伤痕越多社会地位越高。

推测 C：这可能是因为它们天生就缺乏修复损伤的能力，所以伤口的愈合速度要比其他海豚慢得多。

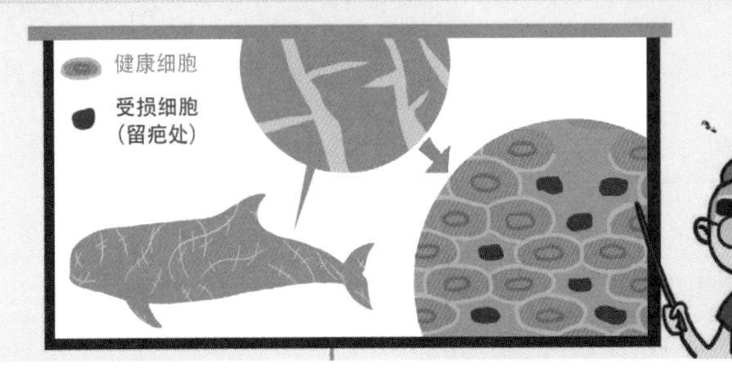

坛喙海豚的身世之谜

1895年的某一天，在婆罗洲沙捞越海滩上，动物学家查尔斯偶然发现了一颗被冲上岸边的头骨。他把它捐给了大英博物馆。

之后，过了61年，直到1956年，英国权威的鲸豚学家弗朗西斯·弗雷泽教授经过研究才发现这颗头骨的与众不同。它介于真海豚属和斑纹海豚属之间，是一种新的物种！

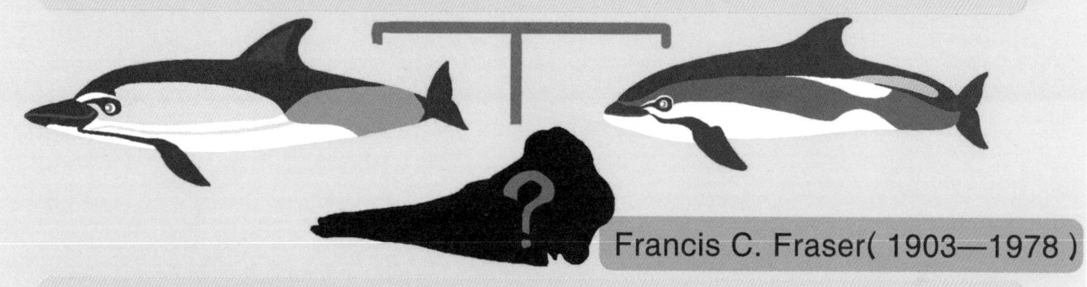

又过了15年，直到1971年的某一天，一头坛喙海豚被冲上了岸。经过对比科学家们才恍然大悟，这和76年前那颗头骨是同一种生物！

从此之后，越来越多的坛喙海豚被发现。人们为了纪念弗雷泽教授，又将它称为弗氏海豚。由于它最初被发现于沙捞越海滩，因此又被叫作沙捞越海豚。

三色相间的大西洋斑纹海豚

大西洋斑纹海豚是一种外形独特的大洋性海豚，它们因为背上的黄色图案而显得格外与众不同。虽然在短吻真海豚身上也有明显的黄色，但两者之间有明显的不同。

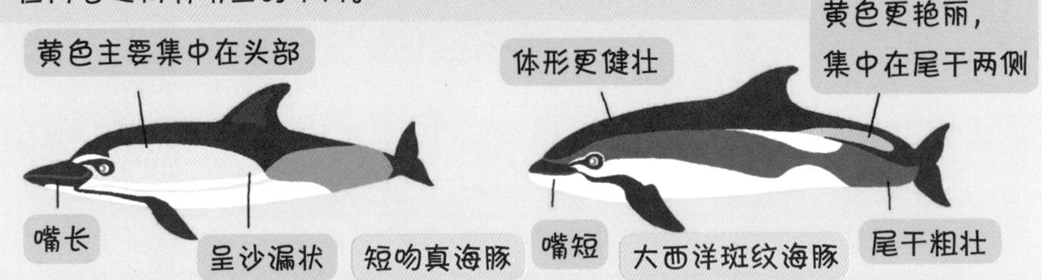

和某些海豚一样，大西洋斑纹海豚也是善于交际的群居性动物。它们经常与白喙斑海豚、大翅鲸、长须鲸及长翅领航鲸结伴同游。

嗨！好邻居们！
嗨！好邻居！

在同类之间，大西洋斑纹海豚更是爱心满满。曾有科学家发现，在族群中雌性大西洋斑纹海豚会收养那些失去妈妈的海豚宝宝，这在其他种类的海豚中是不多见的。

但是，对于一些小型海豚，比如港湾鼠海豚，大西洋斑纹海豚却充满了敌意。至于为什么，科学家们还在研究。

啊啊啊！我们没有恶意！
走开！你们这些讨厌的家伙！
港湾鼠海豚

低调善良的广盐性海豚——短吻海豚

短吻海豚，又称伊洛瓦底江海豚，是一种广盐性的海洋生物。所谓广盐，指的是不论在海岸附近、入海口还是淡水河流中，它们都能够自由自在地生活。

短吻海豚外形看起来有点儿像白鲸，曾经甚至被科学家归为独角鲸科。经研究发现，它们的远房亲戚是虎鲸。

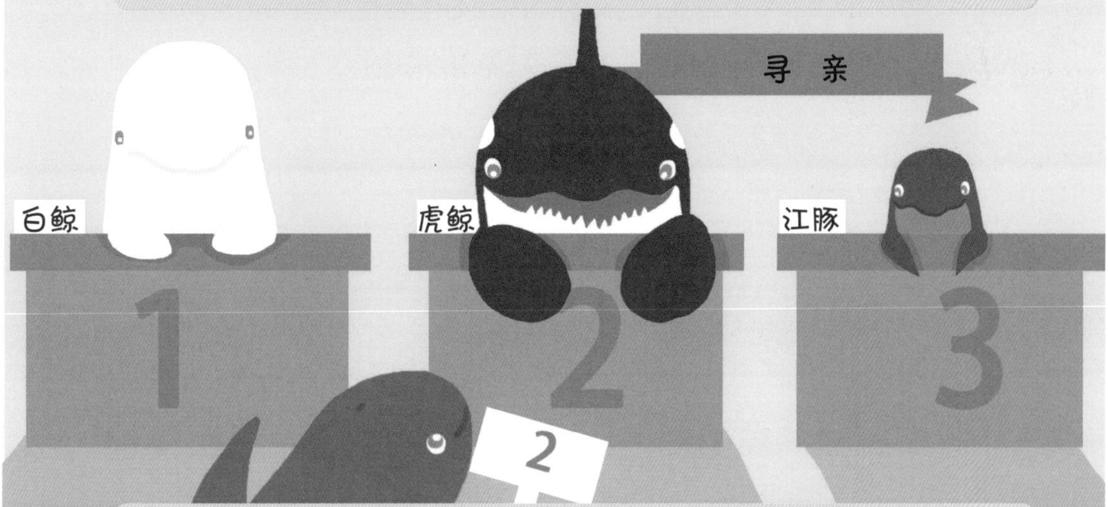

短吻海豚主要以小鱼、鱼卵、乌贼、鱿鱼和各种甲壳类动物为食。它们经常浮在水面上“吐水”，科学家们猜测这可能是一种驱赶猎物的方式。

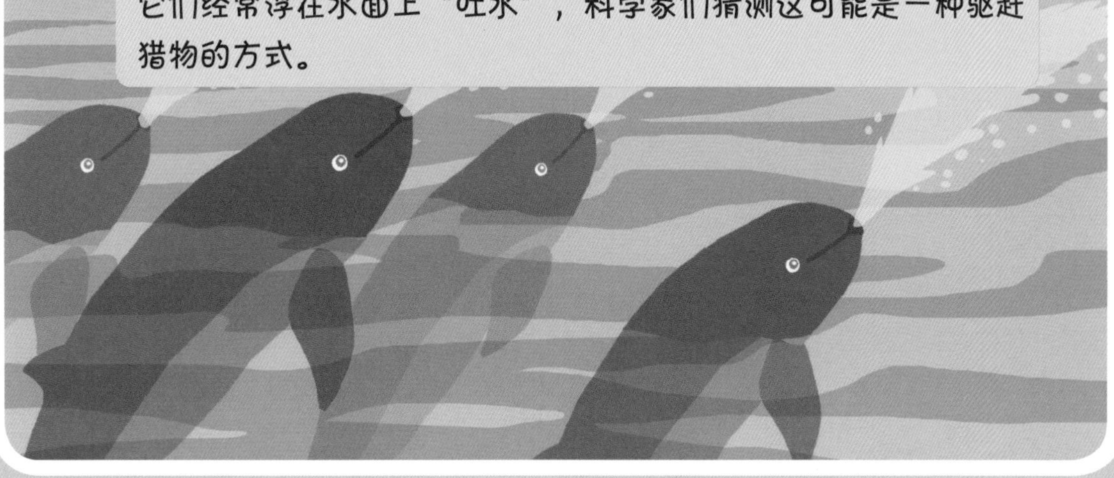

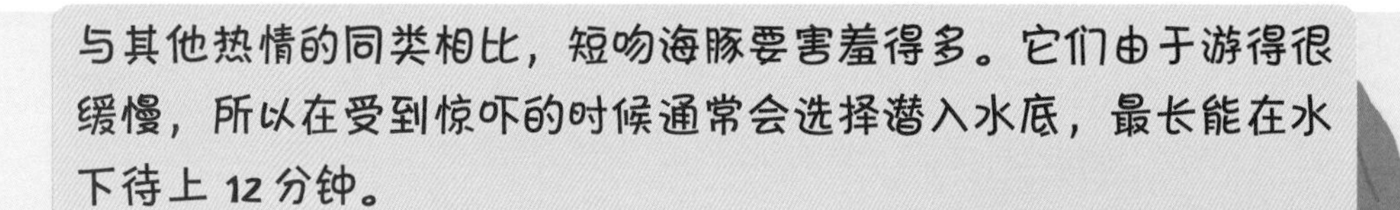

与其他热情的同类相比，短吻海豚要害羞得多。它们由于游得很缓慢，所以在受到惊吓的时候通常会选择潜入水底，最长能在水下待上 12 分钟。

短吻海豚天性胆小，当它们和宽吻海豚在海中偶遇时，往往会吓得一直游到内陆湖中。

但是与它们建立友谊也并非难事。在印度，曾有一些渔民会训练短吻海豚和他们一起捕鱼。短吻海豚能帮助渔民把鱼赶入网中，作为回报，渔民会拿出一部分鱼分给短吻海豚。

过去在老挝和柬埔寨，经常有人提到，它们会救助那些溺水的村民，保护人们免受鳄鱼的攻击。

在柬埔寨和越南的渔民认为短吻海豚是一种神圣的动物，如果不小心捕到，会主动将它们放走。

但是，随着经济的发展，人们对短吻海豚的敬畏之心却越来越少……短吻海豚的生存环境开始遭到破坏。

由于短吻海豚天性聪明，又能在淡水里生活，这使它们更容易成为水族馆贸易的受害者。

这种海豚的表演能力怎么样？
非常聪明！放心养！而且能在淡水里生活，节省不少饲养成本呢。

如今，除孟加拉国和印度的个别水域外，在柬埔寨、老挝、马来西亚、缅甸、菲律宾、泰国及越南等7个国家的短吻海豚都处于极度濒危的状态。

马拉姆帕拉湾 77头

马哈拉姆河 70头

湄公河 125头

伊洛瓦底江 58～72头

从2005年开始，世界自然基金会(WWF)和柬埔寨、越南、泰国、印度、印尼等10个国家的政府机构通过协商，共同建立了保护短吻海豚的基金会。希望在不久的将来，它们的数量能够得到恢复。

第4章 喙鲸科

1米

世界上体形最大的喙鲸——贝氏槌鲸

贝氏槌鲸是世界上现存的体形最大的喙鲸科动物，最长可达 10 ~ 12 米，平均寿命可以活到 70 岁！

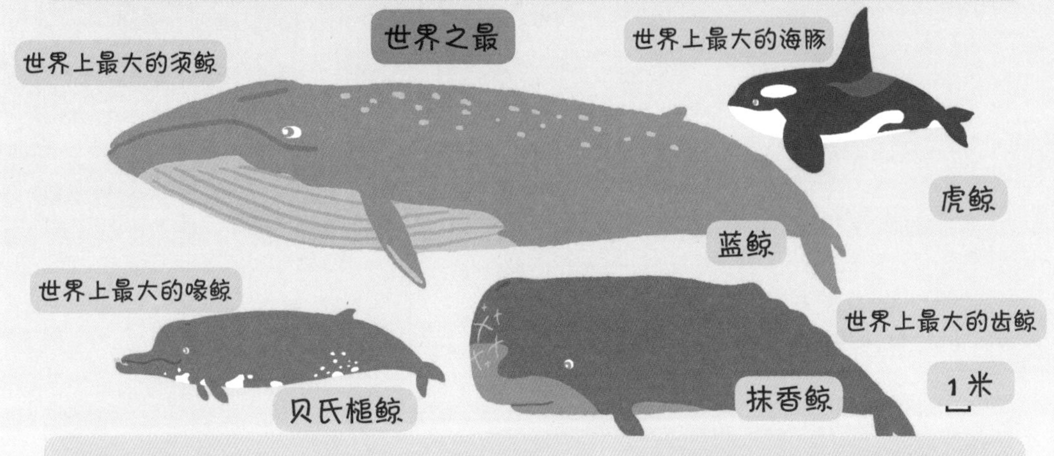

贝氏槌鲸通常 3 ~ 30 头为一群地生活在一起。虽然科学家对它们的习性知之甚少，但通过一些捕鲸记录发现，有 2/3 的贝氏槌鲸是雄性，相比之下雌性的数量可能要少一些，体形也会更大。

有些科学家认为，贝氏槌鲸和它们的表亲阿氏槌鲸可能是同一物种，然而根据遗传证据和地理分离，它们目前仍被各自归为独立物种。

请把这封信寄给我南方的表弟。
好的

不好意思！请把这封回信寄给我北方的大表哥。
OK！

鲸中“老寿星”——北瓶鼻鲸

北瓶鼻鲸是生活在北大西洋海域的一种喙鲸，因为头上的“大奔儿头”使它们显得十分可爱，看起来就像神话故事里的老寿星。

出生时的北瓶鼻鲸是黑色的，“奔儿头”也不明显。成年后的雄鲸通常会长出两颗凸出的牙齿，而雌鲸的牙齿则留在牙龈内。

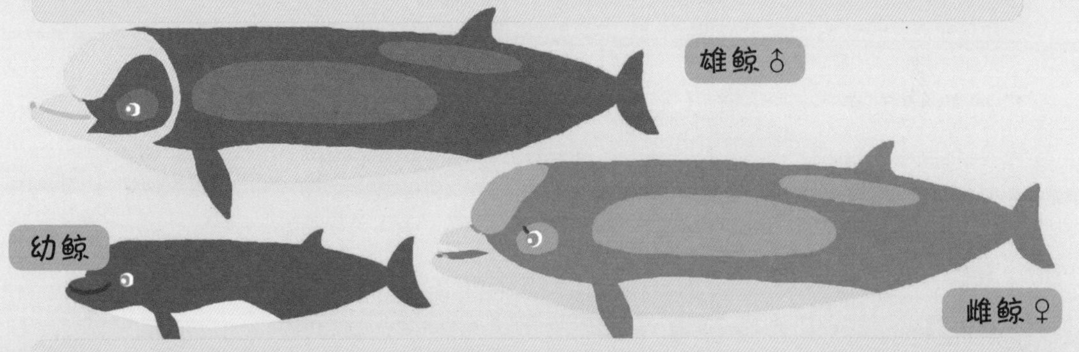

通常，北瓶鼻鲸会4～10头地结成一群，它们喜欢潜入海底捕食鱿鱼和小鱼，每次潜水可长达1个小时甚至更长的时间。

北瓶鼻鲸天生好奇心强，它们会主动游向开动或静止的船只，直到看够了才会离开。

捕鲸者正是抓住了北瓶鼻鲸好奇心强的天性，大肆捕杀它们。当同伴遇害时，北瓶鼻鲸不但不会逃走，反而会不离不弃地守在身旁，于是，就会有更多的同伴遭殃。

从 1850 年到 1972 年，有 88 000 头北瓶鼻鲸惨遭捕杀。主要原因是它们的“大奔儿头”里含有丰富的鲸脑油。

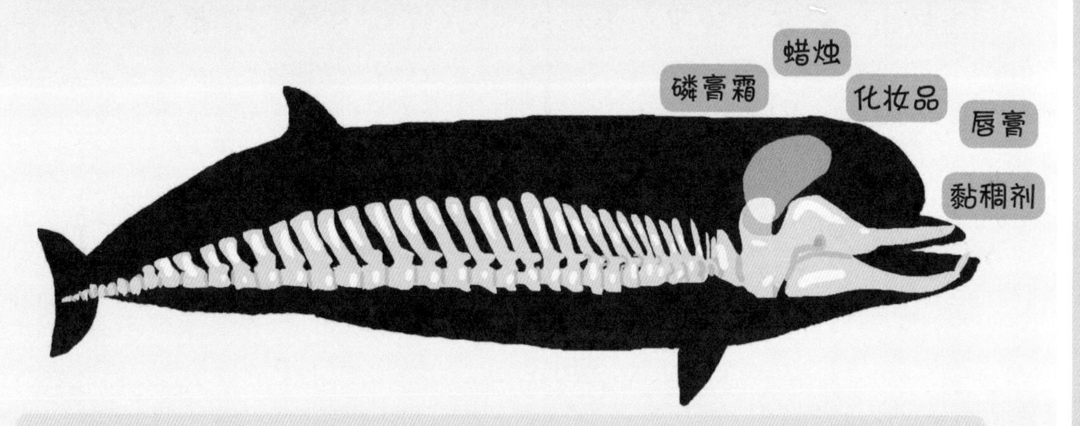

从 1973 年开始，挪威等国家正式提出禁止捕杀北瓶鼻鲸的法案。法律规定只允许利用搁浅的鲸鱼。如今，它们的数量正在慢慢地恢复，据估算北大西洋一带如今约有 40 000 ~ 50 000 头北瓶鼻鲸。

不过也不能掉以轻心！
海湾的石油开采和天然气开发对北瓶鼻鲸来说也充满了威胁。

骨密度值最高的鲸——布氏中喙鲸

布氏中喙鲸是世界上分布最广的一种喙鲸，最早是由法国动物学家亨利德·布兰维尔于1817年发现的。

Henri Marie Ducrotay de Blainville，1777—1850

最初布兰维尔发现了一根布氏中喙鲸的下巴骨，这是他见过的最重的一根骨头。因此他把这种鲸称作“Densirostris”，也就是“骨质紧密的嘴”的意思。

直到后来，科学家们才逐渐发现，原来布氏中喙鲸的骨密度值不只是高一些，而是世界上现存的骨密度值最高的一种动物。

请给“喵星人”钙片做代言！
你好！我想请你给
牛奶做代言！
呵呵，我不喝牛奶
也不吃钙片。

世界上最罕见的鲸——印太喙鲸

印太喙鲸，又称为热带瓶鼻鲸，是目前世界上已知的最罕见的鲸豚类动物。从1882年被发现的第一颗头骨开始，直到2000年，人类对它的了解才刚刚开始。

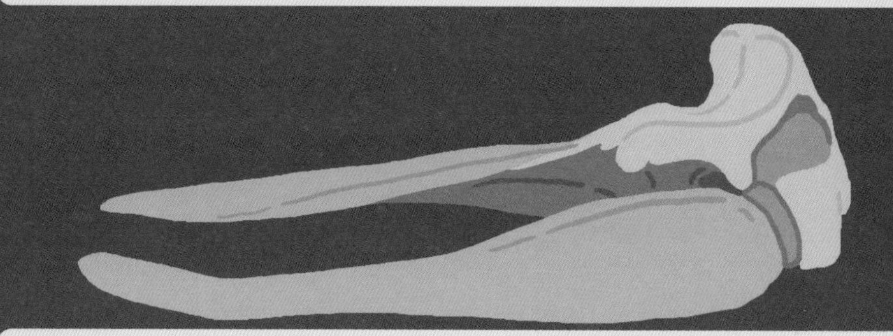

1926年，海洋学家H·A·朗曼经过骨骼对比，认为这是一种中喙鲸，并将其命名为朗氏中喙鲸，所以一直以来，书本上它都是下图这个样子……

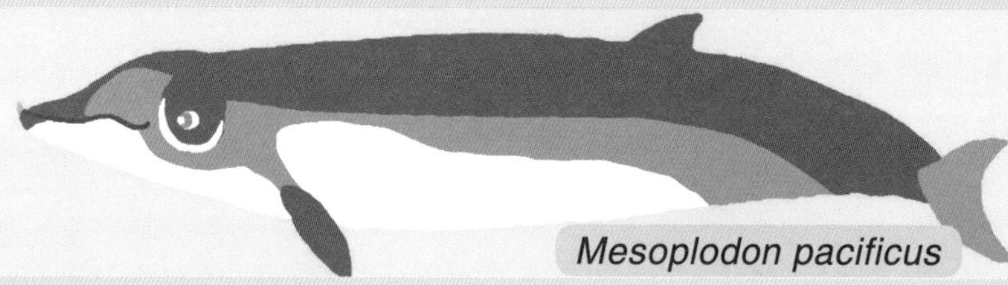

1955年，科学家又发现了第二颗头骨。生物学家约瑟夫·摩尔利认为朗曼的观点可能是错的，他认为这种喙鲸应该属于瓶鼻鲸的近亲，并且首次提出将其独立为印太喙鲸属（Indopacetus）的观点。

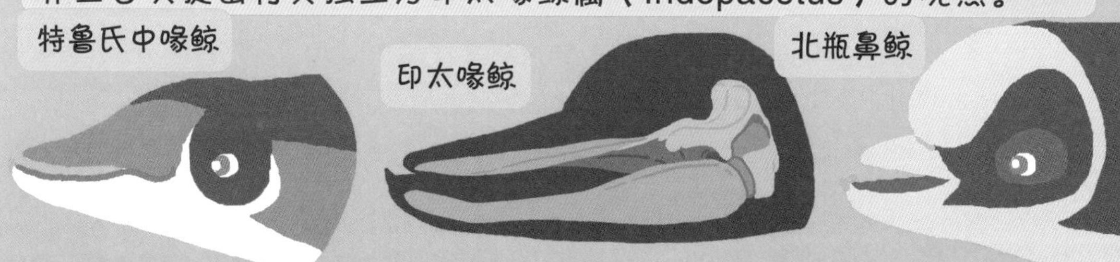

之后，又过了将近50年，直到2000年1月的某一天，一头完整的雌性印太喙鲸在马尔代夫搁浅，从此这一谜团才算真正解开！原来这是一种介于中喙鲸和瓶鼻鲸之间的全新物种！

牙齿最多的喙鲸——谢氏塔喙鲸

谢氏塔喙鲸是一种目前还没有被广泛研究过的海洋生物。也是唯一一种具有完整牙齿功能的喙鲸科动物。它们除长在下颚前端的两颗大牙外，上下颚还各有 17 ~ 27 对细小的牙齿。

牙好！胃口就好！

在过去的研究中，科学家主要是通过几次搁浅事件来了解谢氏塔喙鲸的，认为它们可能生活在南半球的冷温带海域。通过解剖发现，它们主要以各种小鱼为食，而不像其他喙鲸那么偏爱鱿鱼和乌贼。

由于谢氏塔喙鲸生活在深海中，所以海上的目击记录寥寥无几。但是在 2012 年 1 月，曾有人在南极南部有幸拍摄到了 10~12 头谢氏塔喙鲸集体群游的壮观场面，这一发现使得海洋学家对它们又有了更新的认识。

没想到它们竟然
如此神秘！
2016 年在新西兰海域，人们发现了至少 2 群谢氏塔喙鲸。

潜水冠军——柯氏喙鲸

柯氏喙鲸，又称鹅嘴鲸，是世界上分布最为广泛的一种喙鲸，同时也是目前世界上潜水本领最强的一种哺乳动物。

它们不仅能在深海中随意穿行，在水中的憋气本领也相当厉害！根据卫星的追踪，柯氏喙鲸最长一次可在水下待上 2 小时 17 分钟。

柯氏喙鲸之所以有如此强大的本领，主要是由于它们在潜水时可以将肋骨折叠起来，从而减少体内多余的空气和阻力。

至于柯氏喙鲸为什么要潜那么深？当然是因为深海中有它们爱吃的各种奇形怪状的头足类动物啦！

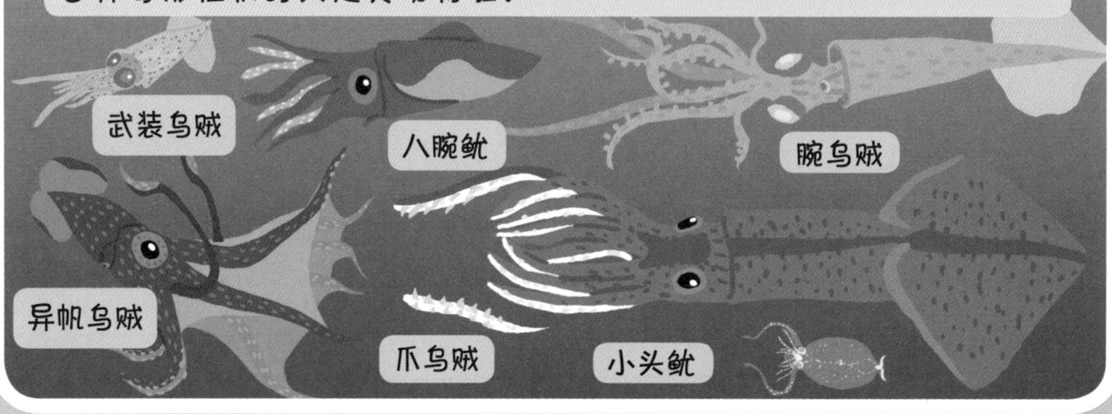

第5章

亚河豚科、白鱀豚科、拉河豚科、南亚河豚科、鼠海豚科

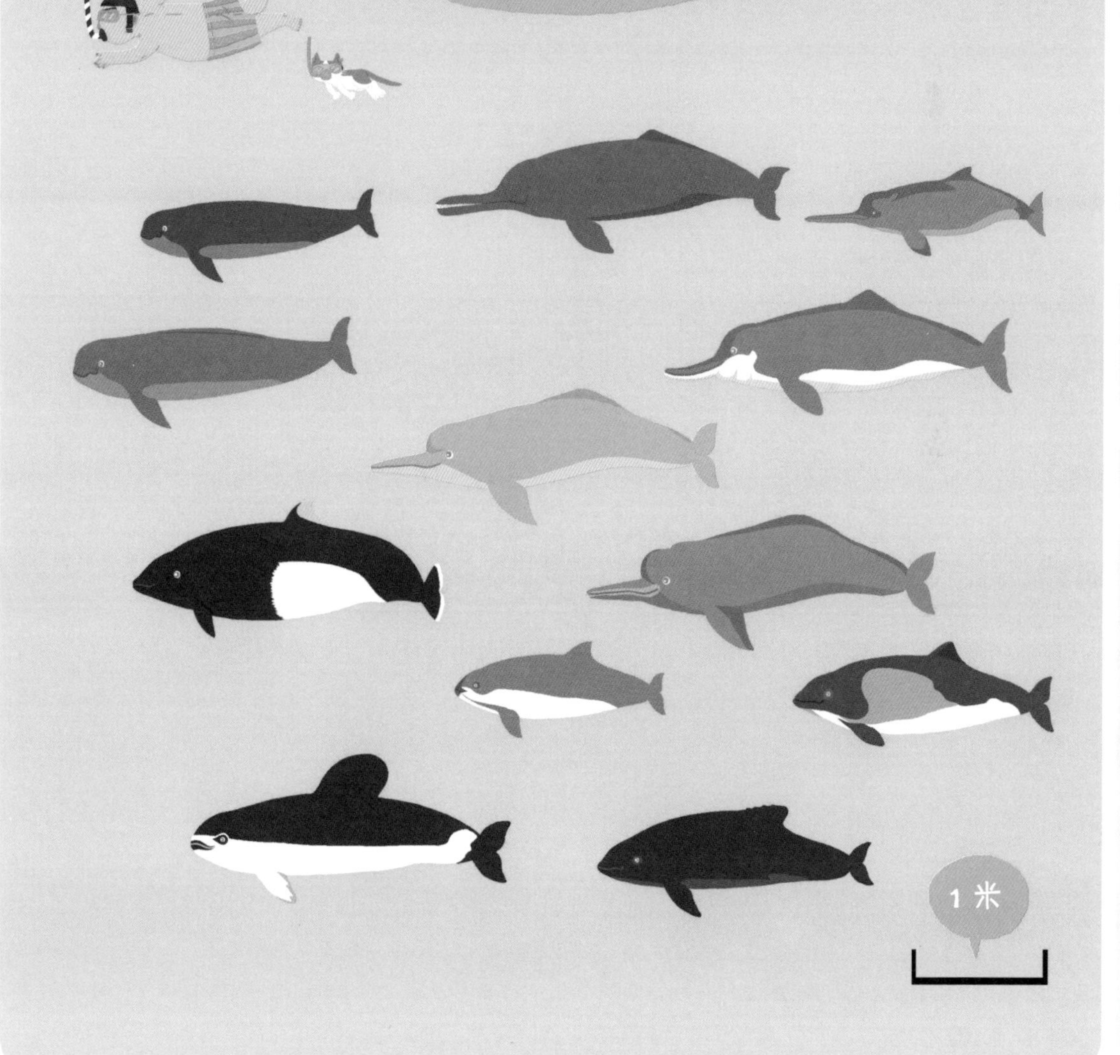

世界上体形最大的淡水豚类——亚河豚

亚河豚是世界上体形最大的一种淡水豚，因为它们大多是粉红色的，所以又被称为“粉红海豚”。

刚出生的亚河豚宝宝是灰色的

根据生活环境的不同，亚河豚一共被分为三个亚种：亚马孙盆地亚种、马德拉河亚种，以及奥里诺科河盆地亚种。

奥里诺科河盆地亚种
I. g. humboldtiana

亚马孙盆地亚种
I. g. geoffrensis

马德拉河亚种
I. g. boliviensis

亚河豚是天生的美食家，在它们的食谱中除各种小鱼外，还包括各种形形色色的河龟和淡水螃蟹。据科学家统计，亚河豚爱吃的食物多达53种！

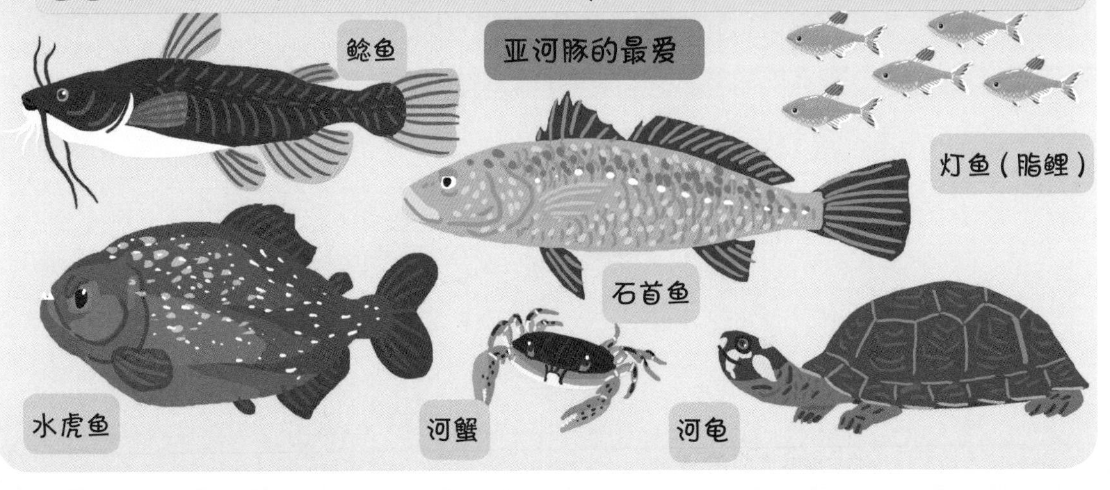

通常亚河豚都是独来独往的，它们很少会8头以上地聚在一起。

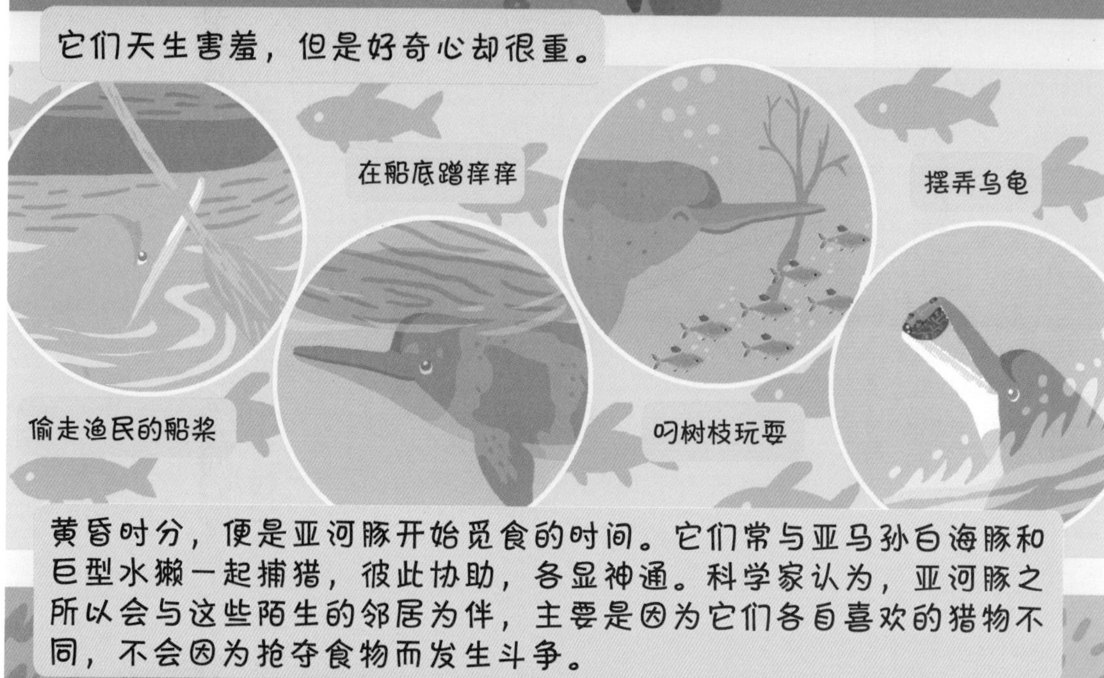
它们天生害羞，但是好奇心却很重。
在船底蹭痒痒
摆弄乌龟
偷走渔民的船桨
叼树枝玩耍

黄昏时分，便是亚河豚开始觅食的时间。它们常与亚马孙白海豚和巨型水獭一起捕猎，彼此协助，各显神通。科学家认为，亚河豚之所以会与这些陌生的邻居为伴，主要是因为它们各自喜欢的猎物不同，不会因为抢夺食物而发生斗争。
亚马孙白海豚
巨型水獭

虽然国际自然保护联盟(IUCN)一直将亚河豚列为数据缺乏物种。但在最近这几十年，它们的生存环境一直遭受着各种威胁。其中最严重的就是栖息地被破坏。

由于亚河豚粉粉的外表，使它们成为世界各地水族馆争相引进的物种。但它们却是一种很难训练和高死亡率的动物。虽然在德国杜伊斯堡动物园曾有一头名为Apure的亚河豚活了40多岁，但在人工饲养下，它们的平均寿命只有33个月。

当地部分渔民需要通过亚河豚肉作为诱饵来捕捉水虎鱼，此举也导致了亚河豚的数量减少。

目前，国际捕鲸委员会对亚河豚的处境深表担忧，鲸豚学家希望能将亚河豚提升为华盛顿公约附录II物种，这样或许能对它们起到更有效的保护。

水中的大熊猫——白鱀豚

白鱀豚，又称白鳍豚，是我国独有的一种淡水豚类，仅分布于长江中下游流域。早在秦汉时期，就已经有关于它的记载了。

在清代蒲松龄的《聊斋志异》中，白鱀豚曾化身为美丽善良的姑娘白秋练。在现实中，它们则被称为“长江女神”或“长江美人鱼”。

在分类学中，科学家们对白鱀豚的归属问题一直存在着争议。一些科学家认为白鱀豚应该被归入亚河豚科，另一些科学家则认为应该被归为拉河豚科，还有一些科学家坚持将它鱀立为白 豚科。

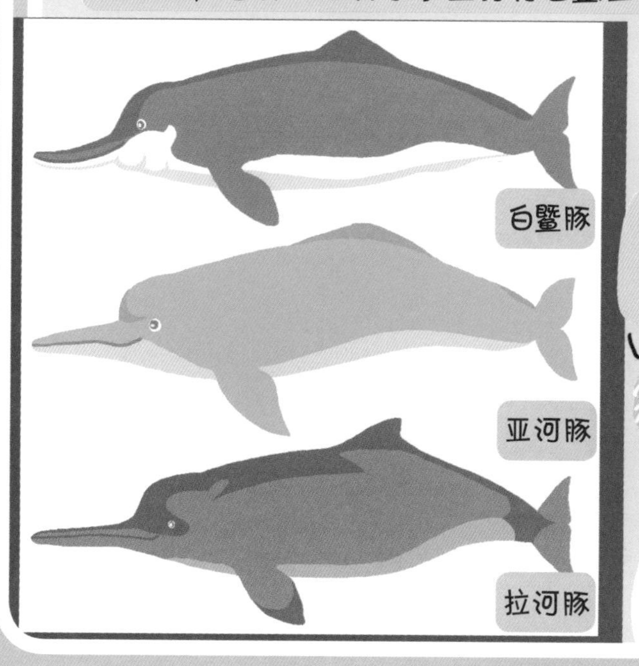

DNA 序列测定结果表明它们应该是单独的一科。
但我觉得它的骨骼和亚河豚很接近。
不对！它们和拉河豚的化石比较起来更相像！

古生物学家经过科考发现，距今530万年前的上新世时期，白鱀豚就已经在长江流域安家了。通过与化石的对比发现，它们的进化并不明显。或许是因为生存环境的相对闭塞，从而保留了祖先们的面貌。因此白鱀豚又被称为“活化石”“水中大熊猫”。

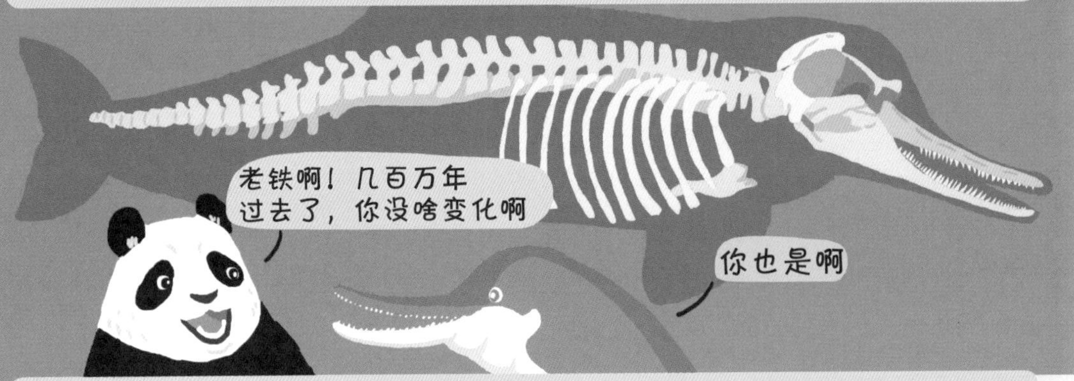

白鱀豚是一种生性胆小的动物，通常3～4头结成一群，偶尔多达9～16头。它们往往会排成一条线急速前进，最快可达每小时80千米。

在长江中，生活着许多淡水鱼，它们都是白鱀豚的美味佳肴。

过去，白鳖豚曾经广泛分布于长江流域，从三峡的宜昌葛洲坝上游，一直到上海附近的长江入海口，包括洞庭湖和鄱阳湖，全长1700千米的江水中都曾有它们的身影。

随着人口数量的增多，白鳖豚的生存环境受到了严重影响。20世纪以来，在人们收集到的白鳖豚标本中，有92%都是人为原因造成的死亡。

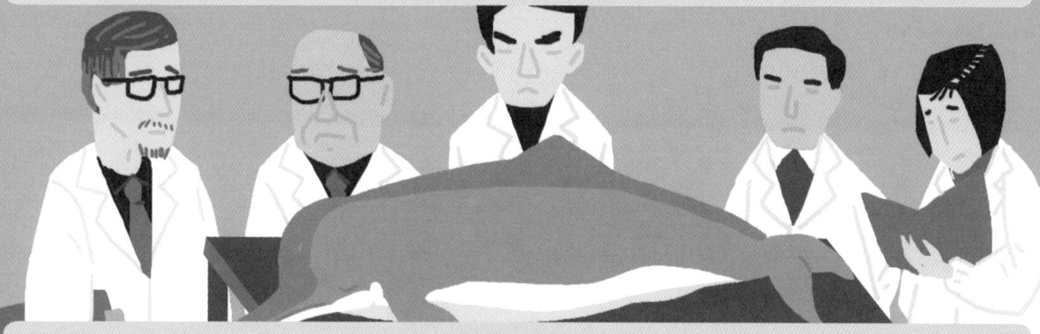

虽然从20世纪70年代开始，我国就已经颁布了相关法令来保护白鳖豚，但是由于人口的增长和自然环境的改变，白鳖豚的数量一直在大幅下降，而人工繁育也没有获得成功。自2004年在南京发现最后一头白鳖豚的尸体后，科学家认为这种生物已经功能性灭绝。虽然之后也有人声称发现过它们的踪影，但并没有可靠的证据……或许有一天"长江女神"会再回到我们的身边吧……

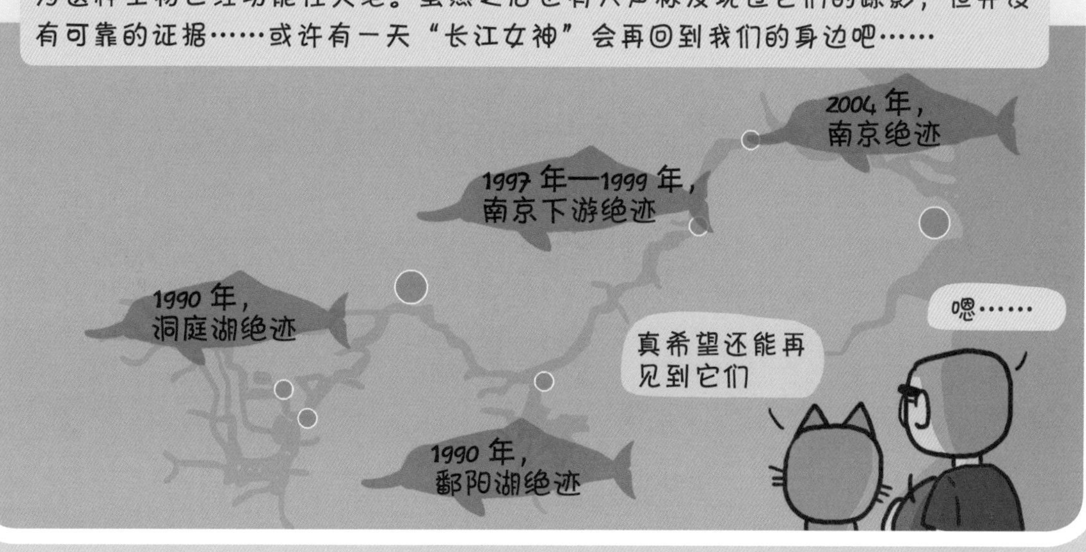

嘴最长的鲸豚——拉河豚

拉河豚，全称拉普拉塔河豚，主要分布在南美洲东部的大西洋沿岸，是一种喜欢在浅滩咸水中生活的河豚。

它们具有鲸豚家族中最长的嘴，但在小时候这个特征却并不明显。随着长大拉河豚的嘴也越来越长，身体的颜色也越来越浅。

中年

幼年

老年

拉河豚是一种性格温和，游泳速度缓慢的动物，它们大部分时间都不会离海岸太远。一旦遇到天敌，只能选择在海面上静止不动，自求多福。

看不见我～看不见我～看不见我……

……

七鳃鲨

不过相比自然界的天敌，生存环境的破坏对它们来说更加致命……

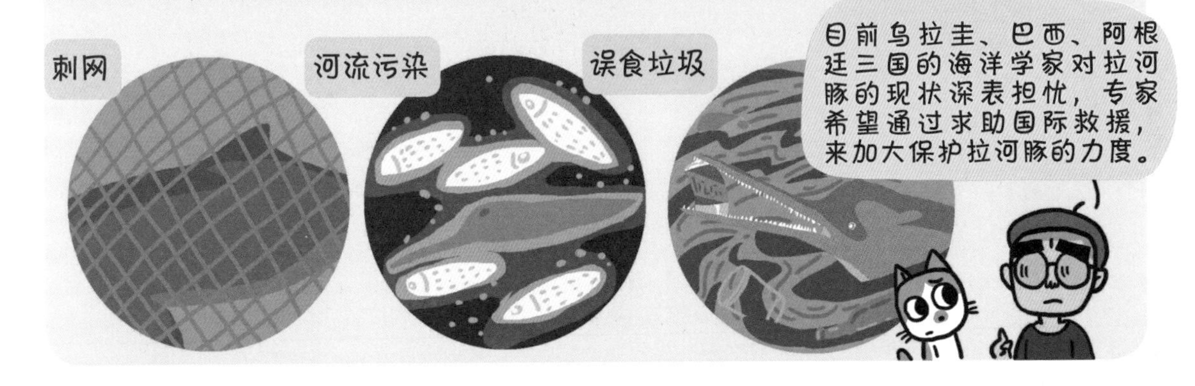

刺网
河流污染
误食垃圾
目前乌拉圭、巴西、阿根廷三国的海洋学家对拉河豚的现状深表担忧，专家希望通过求助国际救援，来加大保护拉河豚的力度。

视力最差的鲸豚——南亚河豚

南亚河豚是一种分布在印度、孟加拉国、尼泊尔和巴基斯坦的淡水豚类。过去它们被分为两种，分别是恒河豚和印河豚。直到 1998 年，科学家对它们又重新进行了分类，把它们从两个物种又归成了同一物种的两个亚种。

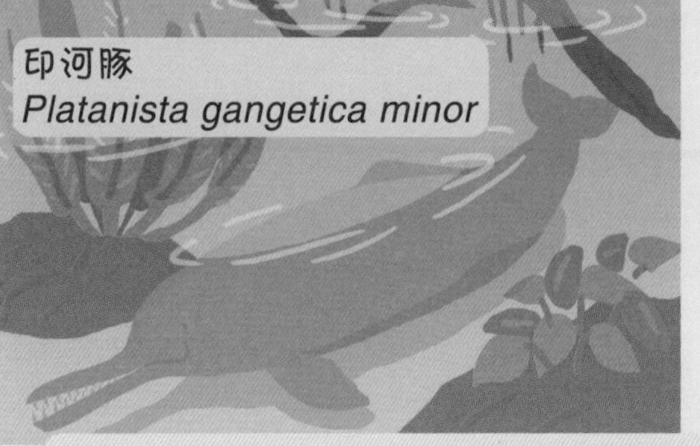

过去，科学家之所以认为它们是两种动物，是因为这两个亚种之间在地理上是隔绝的。但是 DNA 分析结果却显示它们之间并没有差异。那么它们是如何被拆散的呢？这至今也是一个谜。

恒河豚
印河豚
嗯，估计在几千年前，这两条河是相连的。
这两条河的距离相差很远呢！

除了谜一样的身世，南亚河豚的相貌也很令人匪夷所思。因为它是世界上所有鲸豚中唯一一种没有眼球水晶体的动物，也就说它们天生看不见。

其实我们也能感受到光和方向，只不过没有其他远亲那么好的眼神罢了。
呃……其实我在你身后。

视力上的不足对于南亚河豚来说并不是事儿。它们主要是通过复杂的回音定位系统来捕捉猎物和在水下自由穿行的。

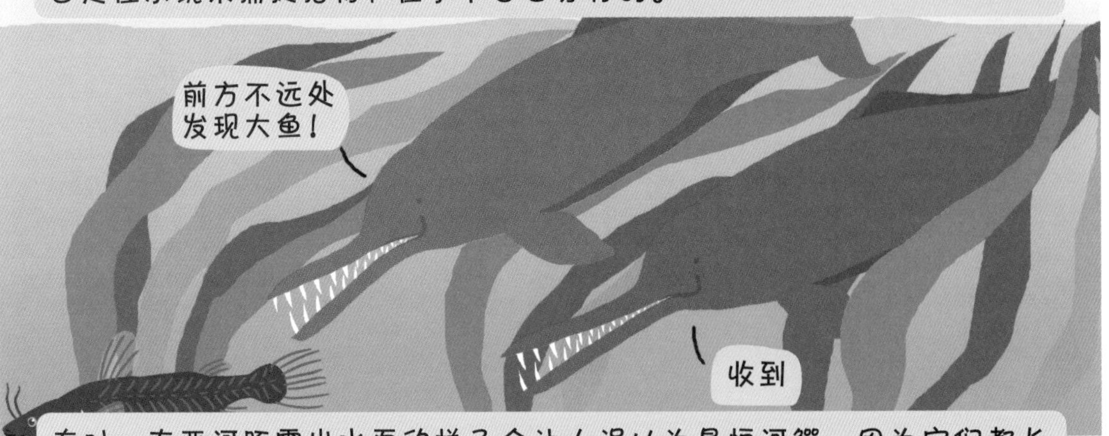

有时，南亚河豚露出水面的样子会让人误以为是恒河鳄，因为它们都长着细长的嘴巴和尖尖的牙齿。

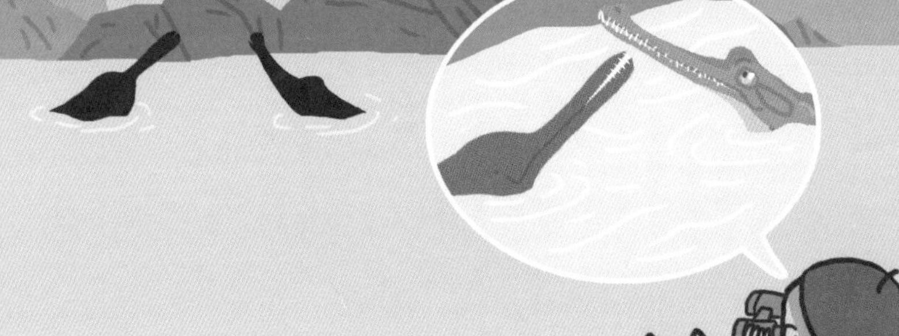

一直以来，南亚河豚和其他淡水豚一样，正在受到河流污染、非法捕捞等的伤害。好在当地政府及时地提出了保护措施，包括指定保护区和增加额外的栖息地，这几年它们的数量才有所回升。

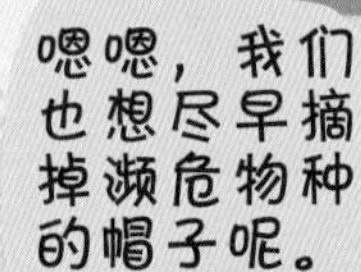

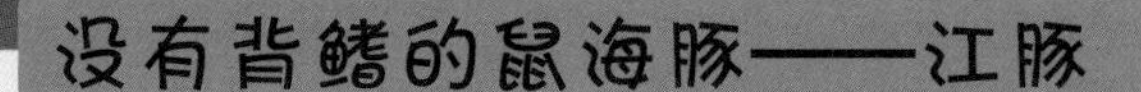

没有背鳍的鼠海豚——江豚

江豚，又称江猪，是一种天生没有背鳍的鼠海豚。它们分为两种，分别是印度洋江豚和窄脊江豚。过去，人们将它们混为一谈，如今被认为是各不相同的两个物种。

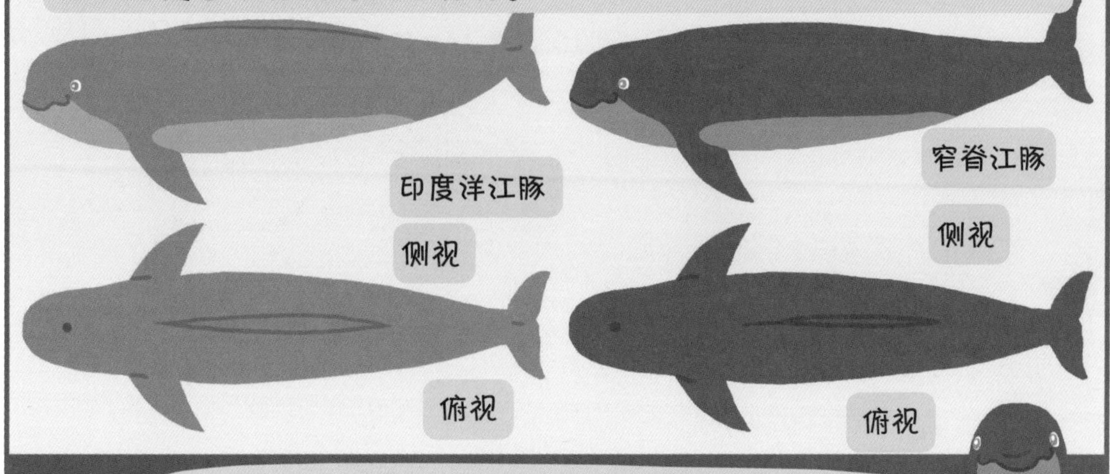

我们生活的地方更靠北，脊背也更窄，所以才叫窄脊江豚。

其中，窄脊江豚又分为两个亚种，分别是来自中国和日本沿海的东亚江豚。

以及只能在我国长江流域中才能见到的长江江豚，这也是唯一一种生活在淡水中的江豚。

不论是印度洋江豚还是窄脊江豚，它们天生具备发达的听觉系统。在它们的大脑和耳朵之间，有大量的神经纤维来快速传递信息。

咦？我怎么没看见？

前方好像有小鱼哟！！

然而，它们的视力却相对较差。

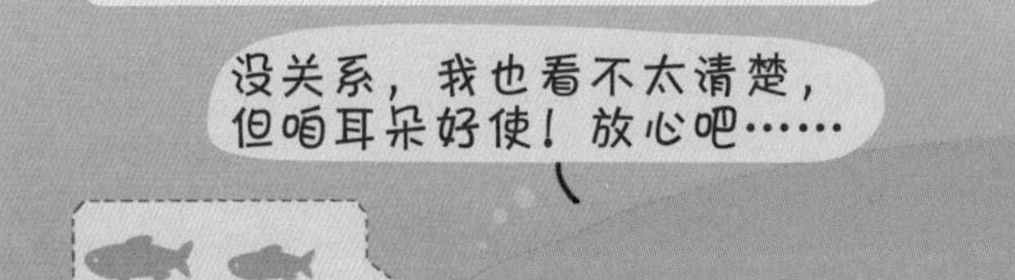

没关系，我也看不太清楚，
但咱耳朵好使！放心吧……

酷！

因此对于江豚来说！最怕遇到的就是——噪声！

嘟！嘟！嘟！！！

哦！我的神啊！！
信号中断了……

尤其对于生活在湖泊中的长江江豚来说，严重的噪声甚至可以致命……

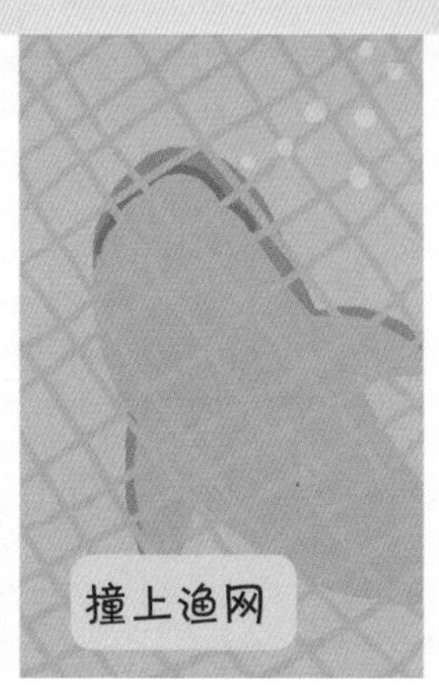

说起长江江豚，如今它们的处境最为艰难。除船舶造成的影响外，河流的污染和栖息地的退化也使其数量直线下降。

曾经，在长江的许多条支流中都有长江江豚的身影，它们结伴而行，有时候还会与白鱀豚一同游来游去。

早晨好啊！小江～

早晨好！白大哥～

如今，白鱀豚已经杳无踪影。而长江江豚也只剩下 500 ～ 1800 头左右，并被世界自然保护联盟认定为“极危物种”。

白大哥！你在哪儿？
大家都去哪儿了？

为了不使长江江豚成为下一个白鱀豚，目前，我国已将其作为国家重点保护动物，并建立了保护区和繁育基地，希望通过野外保护和人工繁殖来挽留住这一亚种。

世界上分布最广的鼠海豚——港湾鼠海豚

港湾鼠海豚是世界上分布最为广泛的一种鼠海豚科动物，从北半球的冷温带到亚极地水域，只要是海岸或港湾，都有它们的身影。

由于天生“福相”，港湾鼠海豚在欧洲一些国家又被戏称为“porcopiscus”，这是一句拉丁语，翻译过来就是“海猪”的意思。

porcus（猪） + piscus（鱼）

= PorcoPiscus

嗨！表哥！

啊？谁是你表哥啊？

港湾鼠海豚虽然看起来有点儿胖，但它其实天性活泼好动，喜欢冒险，有时候它会顺着入海口游到河流中，沿着河流游到上游游玩一番。

目前，全世界约有至少 70 万头港湾鼠海豚，每头平均一天可以消耗掉 200~550 条小鱼，这相当于它们自身体重的 8%。它们大多独来独往，但个个都是捕鱼达人！

虽然港湾鼠海豚每天要吃那么多鱼，但其实都是一些 3 ~ 10 厘米的小鱼。

在海上，港湾鼠海豚的天敌主要是大白鲨和虎鲸。但是宽吻海豚和灰海豹也会为了争夺食物或其他原因而经常攻击它们。

所以说当个捕鱼高手也没那么容易啊！

虽然港湾鼠海豚的族群数量庞大，但随着人类社会的发展，以及全球气候变暖等原因，它们的生存环境还是或多或少地受到了一定的影响。一些科学家对此也深表担忧。

即使不是濒危物种，也需要我们去保护哟！
没错！喵！

冲浪高手——无喙鼠海豚

无喙鼠海豚，又称白腰鼠海豚，是一种生活在北太平洋的海洋哺乳动物。根据外形的不同，分为两种类型：Dalli 型和 Trubei 型。

无喙鼠海豚是天生的冲浪高手！在水面上它们能以每小时 55 公里的速度前进，在水下能翻出巨浪，并形成一种叫作“公鸡尾水雾”的独特浪花。

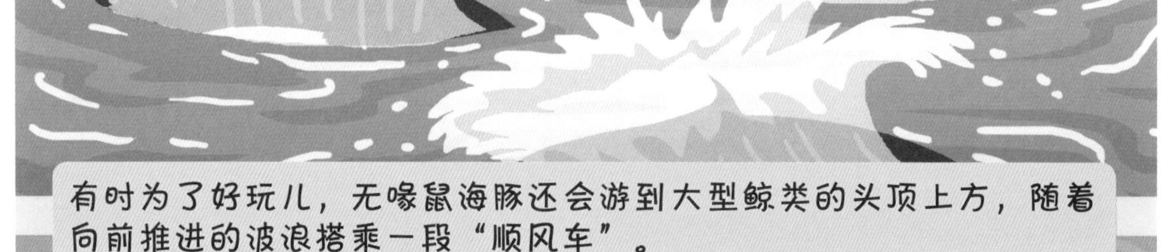

有时为了好玩儿，无喙鼠海豚还会游到大型鲸类的头顶上方，随着向前推进的波浪搭乘一段“顺风车”。

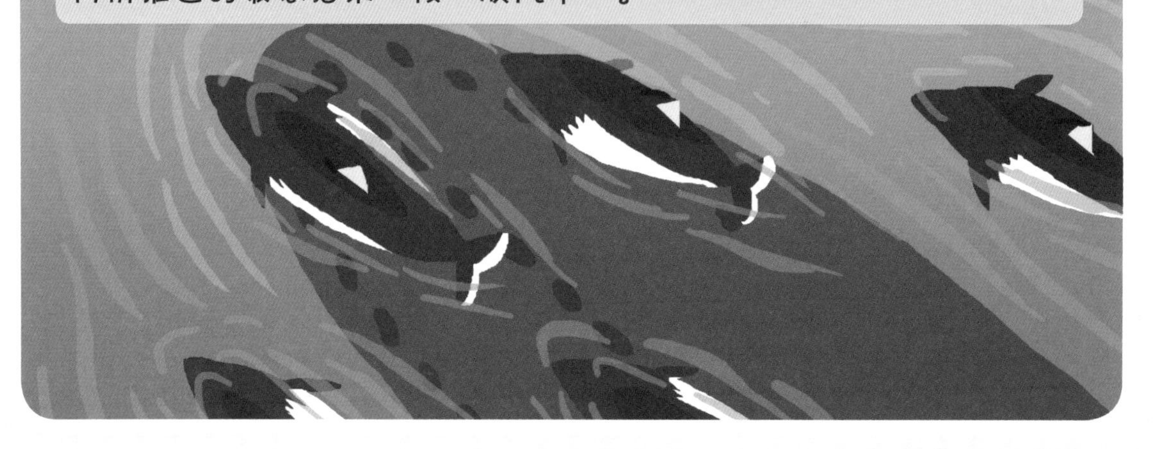

在无喙鼠海豚的小家庭中，通常有 2 ~ 12 位成员。每当捕猎的时候，它们会和周围的几个家庭聚在一起，形成几百头共同捕猎的壮观场面！

它们的食谱相当丰富。

从 20 世纪 80 年代开始，国际捕鲸委员会为了保护濒危大型鲸类，提出了一系列的禁捕禁令。但是，由于消费需求，使数量众多并不濒危的无喙鼠海豚逐渐成了这些大型远亲们的“替代品”，平均每年约有 1.5 万头惨遭猎杀。万幸，它们庞大的家族暂时还未受到严重威胁。

是的，虽然无喙鼠海豚很多，但是如果不合理利用海洋资源，它们迟早也会变为濒危物种。

虽然无喙鼠海豚多子多孙，但你们人类也要适可而止啊！

再见!